纵论古典家具

麒麟论坛菁华集

大本 主编

中国林業出版社
·北京·

图书在版编目(CIP)数据

古典家具纵论 / 大本主编. -- 北京 : 中国林业出版社, 2021.10

ISBN 978-7-5219-1349-1

Ⅰ. ①古… Ⅱ. ①大… Ⅲ. ①家具—介绍—中国—古代 Ⅳ. ①TS666.202

中国版本图书馆CIP数据核字(2021)第181961号

责任编辑：王思源　李　顺

出版　中国林业出版社（100009　北京市西城区刘海胡同7号）
　　　　电话：(010)8314 3573
发行　中国林业出版社
印刷　北京中科印刷有限公司
版次　2021年10月第1版
印次　2021年10月第1次
开本　1/16
印张　15.25
字数　316千字
定价　118.00元

荐序

JIAN XU

从麒麟古典家具论坛的网站创办到现在已有近二十年，看到了大本为创办麒麟网所付出的辛勤劳动与努力。麒麟古典家具论坛对中国传统家具优秀的文化艺术传播起到了重要的推动作用，让广大明清家具及仿古家具爱好者、收藏家们利用麒麟古典家具网站的平台，对中国古典家具发展的历史与文化、造型与工艺、材质识别与鉴定等方面有了进一步了解。众多网友、明清家具爱好者、收藏家们在麒麟论坛上纷纷提出不同疑问和观点，大家一起沟通互动、学术交流、探讨研究，百家争鸣，为推动中国当代红木家具文化艺术健康持续发展，起到了重要的推动作用。今天大本将麒麟古典家具论坛十余年来积累的有借鉴意义的学术交流观点，编辑成《古典家具纵论》一书，必将成为划时代的有影响力的文集之一，为中国当代红木家具企业家们在对中国传统家具继承与发展、传承与创新、设计制作与欣赏入门，对明清家具、仿古家具爱好者与收藏家们在投资与收藏高端红木家具、明清家具等方面起到正确引导性的作用，也为中国传统家具优秀的文化艺术得到发扬光大付出应有的贡献。

伍炳亮

2021年8月于台山

行业翘楚与大咖对本书的评价

◆ **伍炳亮**（中国家具协会传统家具委员会轮值主席，伍氏兴隆家具艺术有限公司董事长）

——本书必将成为划时代的有影响力的文集之一，为中国当代红木家具企业家们在对中国传统家具继承与发展、传承与创新、设计制作与欣赏入门，对明清家具、仿古家具爱好者与收藏家们在投资与收藏高端红木家具、明清家具等方面起到正确引导性的作用，也为中国传统家具优秀的文化艺术得到发扬光大付出应有的贡献。

◆ **周　默**（中国明清家具委员会会长、著名红木材质专家，《木鉴》《紫檀》《黄花梨》作者）

——本书许多观点、资料及结论并非照搬于旧有文献之定论，而是源于自己的实践与体悟。今天许多有关古典家具的认知与研究可谓颠倒衣裳。《古典家具纵论》的发行一定能为中国家具的发展带来希望之光。

◆ **周京南**（故宫博物院研究馆员，古典家具专家）

——麒麟网是红木爱好者的乐园，里面的文帖包罗万象，知识性强，实用性强。进入这个网站，宛如走进一条历史文化长河，徜徉在传统家具的博物馆里，领略到红木家具的艺术内涵和历史文化价值。把这些精美的文帖菁华分门别类、编辑成书是一件功德无量的善事，让中华文化的根脉薪火相传，续写辉煌。

众多麒麟网友对麒麟网的评价

- 麒麟网是一个红木爱好者快速成长的首选平台，参加了麒麟的寻访活动，更是胜读了十年书。

  ——汇沣客

- “麒麟标准”是麒麟网对行业的重要贡献，影响广泛且深远，让业界知道了精品古典家具的要求，让消费者少交学费。

  ——北京木痴

- 没有麒麟平台就没有我们（麒麟商家）。

  ——小生

- 麒麟网对行业的贡献，应该给他颁发个奖。

  ——古道瘦马

- 如果说王世襄是明式家具理论的创立人，麒麟人则可以说是明式家具潮流的忠实推广者。

  ——秋月刀

编者序言

在国内的红木古典家具互联网历史上，麒麟古典家具论坛（简称麒麟论坛，网址：bbs.70jj.com）是不可忽略的一页。在古典家具爱好者圈中，历来有“老雅昌、新麒麟”之说。麒麟网主要讨论新家具，尤侧重于红木家具，是国内红木古典家具爱好者的网络社区大本营。

麒麟论坛诞生于2003年，由来自中国古文化重镇徽州的大本创立，目的是为古典家具爱好者提供一个可以互相交流探讨的网上空间。随着红木行业的发展和计算机网络的普及，麒麟论坛逐渐发展壮大，注册会员达十余万众，讨论内容涉及古典家具木材、形制、工艺等方方面面。众多商家也开始入驻经营，并为论坛带来来自红木家具行业第一线的资讯。可以说，国内最新的木材信息、工艺创新技术和行业活动信息，都会最早展现于麒麟论坛。

麒麟论坛以民主、自由、公正的氛围逐渐笼络了一大批古典家具行业高手。很多帖子非常具有深度，不但透露着真知灼见，还闪烁着思辨的色彩。有人为了探究黄花梨的奥秘，十余次深入海南岛腹地；有人为了掌握第一手大红酸枝材况商情，独身前往老挝、柬埔寨等东南亚国家。他们对红木事业的热爱与执着常常令人敬佩。他们将探索途中的见闻落于笔端，发于论坛，为大家所共享。经常地，麒麟论坛上妙文一出，满座皆惊，引来热烈跟帖，争相转发。

然而随着论坛的壮大，很多好帖被新帖覆盖，逐渐

编者简介

大本，毕业于上海交通大学，结构设计与制造专业硕士，自媒体创作人。先后任职软件公司和房地产公司，创办麒麟古典家居网（现麒麟网），致力于弘扬古典家具文化、传播明式家具理念和打造精品古典家具互联网交易平台。主编有《麒麟精选明式家具108器》《麒麟博物大观》等电子书。

沉底，难得被翻起。笔者深感如此多精彩文章就此沉寂，不能为大家所阅，实乃一大憾事，尤觉对不住那些穷尽心血著文撰稿的同仁道友。

2018年，网站重新查找论坛的优秀帖和精华帖，并整理为目录，发帖题为《麒麟论坛菁华集》，以便于众网友钩沉索隐，分享菁华。帖子发布后，有网友提及能否出版成书，更便于阅读和收藏。着手编著后，本人发现实际上文稿编辑是一个非常枯燥辛苦的工作。发帖可以肆意而为，而出书必须严谨，一个字一个标点符号都不能有错。当发现有的发帖人观点明显偏颇，我需要与发帖人进行沟通和交流，并对帖文进行修正，以避免误导读者。为了文章专业体系的完整，编者还专门补充撰写了相关文章。

本书是以专题形式编撰，所以跟很多系统性的古典家具图书有所区别。由于作者大都来自红木古典家具生产与销售的第一线，书中很多理论完全来源于实践，更接近实际，因此本书相对很多理论型书籍更具实战性和实务性。也许书中的一句话一个观点能让长期处于似是而非的困惑中的读者茅塞顿开、豁然开朗。当然，由于本书是多人的发帖文集，各人各语观点纷呈，我们不能保证所有的观点都正确，我们的态度是百家争鸣。

我们相信，本书的出版是红木家具行业前所未有的一件事情，本书也是本行业最有特色的专业著作之一。希望本书能得到红木家具爱好者的喜爱，也希望各位行家、专家能不吝赐教。

在此感谢被收录菁华帖的各位网友，有未能联系到的发文作者烦请联系麒麟网管理员以便寄送成书。感谢所有为本书提供帮助的朋友。

麒麟网总编 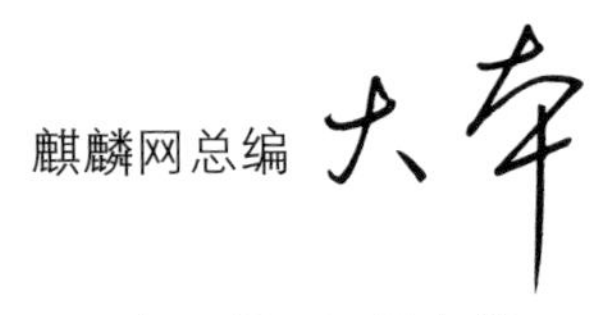

2021年8月8日于上海

目录

C O N T E N T S

麒 / 麟 / 论 / 坛 / 菁 / 华 / 集

古典家具

形制篇 第1篇

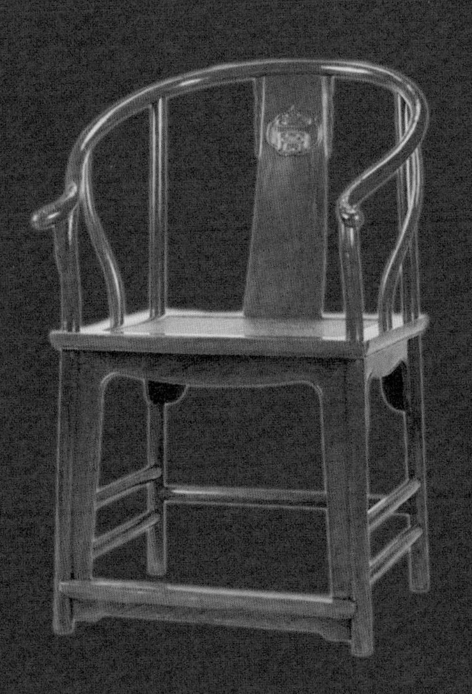

穿越400年时空的曲线

文/小二（张斌）

根据18世纪英国家具发烧友Chippendale在《家具指南》中描述，在世界的范围内，可以以“式”相称的家具类型仅有三类，即明式家具、哥特式家具和洛可可式家具。其中，中国的明式家具位居首位。

从产品设计的三大构成（平面构成，色彩构成，立体构成）上来说，除了明式家具（图1），很少有别的经典产品会用那么多的线条（图2）。当然，明式家具“素”的特征也常成为被攻击的目标。有说明式家具制造简单，属于偷工减料款，对此我不同意。

图1　明式家具之圈椅曲线　　图2　明式家具之条凳牙子线条

本来美国科技大鳄苹果公司（Apple）和明式家具看似一点关系都没有，本文把它们放在一起进行对比，寻求共性。苹果公司通过一款手机产品，一度成为全球市值最大的公司。其成功的重要因素之一，就是产品设计的力量。而明式家具在400年前就统一了江湖，至今仍然是家具的顶峰。同样作为优秀的系列产品，哪里有共性？这就是笔者试图抛砖研究的问题。

主题：苹果产品里最新最具创意的曲线——具有曲率连续的有理性限制的线条。

先谈谈苹果产品上的曲线设计进化历程。

（1）由心而生浪漫时期。图3是1998年前运用的圆弧和曲线。

（2）后浪漫时期。方角，接近理性（图4）。1998年以后10年时期，企业逐渐规范化。

（3）极致自由时期。2008年以后，追求极限纤薄下的圆弧、曲线与曲面（图5）。

图3　圆弧和曲线设计

图4　方角设计

图5　极限纤薄下的圆弧、曲线与曲面设计

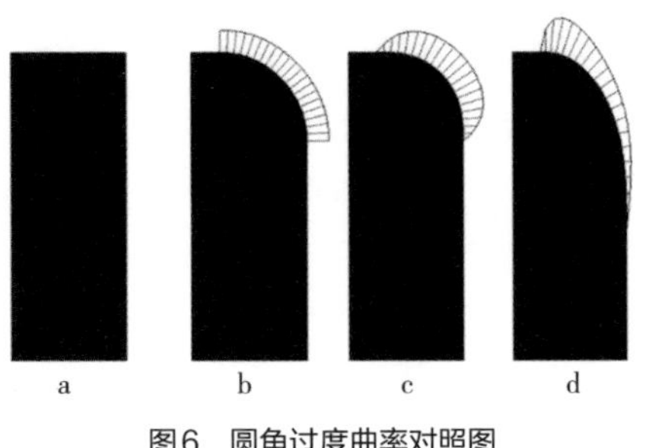

图6　圆角过度曲率对照图

苹果产品的设计以简约著称，但不代表简单易做。苹果设计师在设计产品时有一个“秘密”，就是进行产品曲线曲面设计时，尽量避免用切线连续曲线，而是采用连续曲率曲线。苹果的MacBook电脑系列产品是最能体现苹果公司设计师对曲线的追求的产品。

图6为用4个模拟Macbook曲线的黑块进行圆角曲率梳状图对照。图中，a黑块为一个四边形，b加了圆角，c看上去和b类似，d就是自由曲线的过渡，上面的这些梳状绒毛代表着曲线的曲率变化，即表示一条线上不同位置的弯曲程度。其中b和c看上去差不多，为什么曲率变化就不一样呢？

图7中C^0、C^1、C^2三个曲线的连续特征依次为位置连续、切线连续和曲率连续。分别定义为：

位置连续：连续曲线的端点相接触。

切线连续：两曲线相接部分的斜率相同。

曲率连续：两曲线的接触点的曲率相同，且具有相同的方向。

连续性的阶次由大到小依次为：曲率连续>相切连续>位置连续，阶次高的连续性取决于阶次低的连续性。没有位置连续，则不可能有切线连续，没有切线连续，则没有曲率连续。位置连续是零阶次的连续，一般称为C^0连续；切线连续是一阶连续，称为C^1连续；曲率连续是二阶连续，一般称为C^2连续。

那么在视觉上有什么不同体验？三个不同方块上光线形成的倒影的边线情况

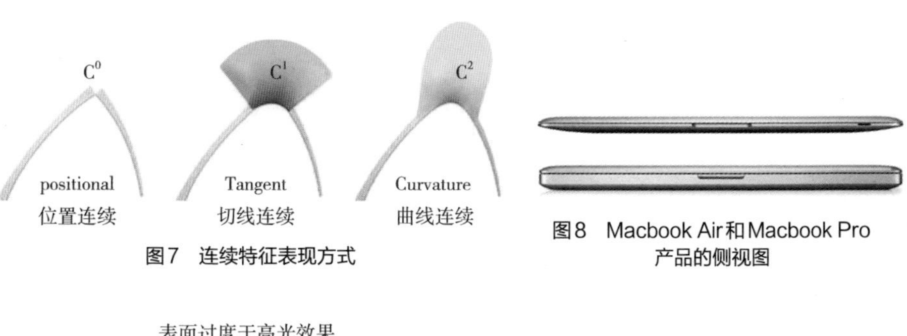

图7　连续特征表现方式

图8　Macbook Air和Macbook Pro产品的侧视图

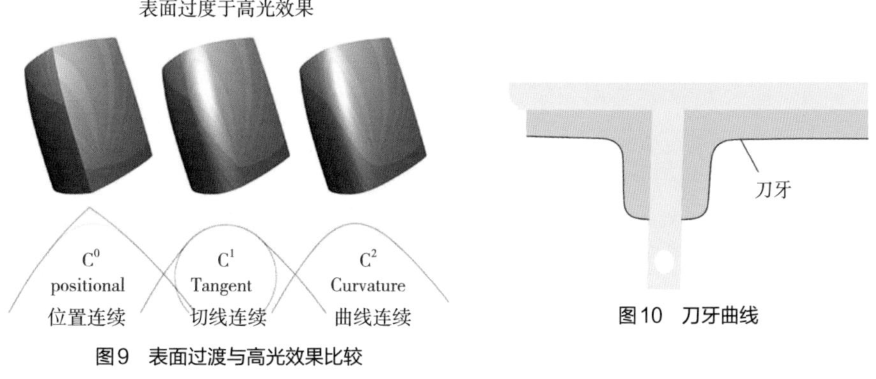

图9　表面过渡与高光效果比较

图10　刀牙曲线

（图7）：C^0可以看到倒影的边线断开了；C^1的边线连接着，但是有尖点；而C^2不仅连接上，而且光滑过渡。这就是差别。对我们来说前后差别最大的不在于交接点，而是曲率的变化。比如前面模拟Macbook曲线的黑块b、c、d比较，d的曲率同b、c差别更大。

曲线连续形式的选择在Macbook产品中得到了显著的应用。图8分别是Macbook Air和Macbook Pro的产品侧视图，可以看到屏幕上盖和底座的四周边缘完全采用曲率连续曲线。

不同的曲线连续性反映到产品表面过渡和高光效果有不同的体现，图9显示，曲率连续曲面的高光效果较切线连续更为明显。

中国古典家具中，我们选择两组经典的曲线，一组为王世襄《明式家具珍赏》132页明黄花梨夹头榫酒桌的素刀牙曲线，另一组为侣明室旧藏的插肩榫酒桌的牙板立腿连接曲线，如图10、图11。

这些简洁的曲线，好比人在马路上开车，如同遇到了“Z”形弯道，“车速+转弯”留下的轨迹，又如同自然界里那些液体的流动轨迹，用老百姓的话来说就是顺，也就是力量贯穿，一气呵成。

我们使用CAD软件，对两组曲线进行曲率分析，并绘制曲率梳状图，如图12。

由图可以看到，红色曲线条为曲率变化的示意，两组曲线很好地体现了曲率连续的特征。对照苹果公司的产品曲线，你就发现，原来类似苹果产品上的线条，400年前已在中国出现。也许当时匠人不懂得曲率连续的概念，但是他们懂得怎么变化曲线的弧度来达到优美和流畅的境界。他们不懂得理性建模构图，很多时候靠的是感性和灵感。

有的时候不光是建模数据的分析要靠些感性，比如，上面的两组曲线，如果做完了，感觉家具上这两条线如同一盘蜜汁沿一个平面流淌下来的轨迹。那家具基本就看起来很舒服了。这就是中国词语里的“流畅”，流动畅通也（图13）。

深谙工业设计的同仁可以在古典家具的设计中充分贯彻曲率连续优先的原则，不具备CAD技术基础和条件的普通工匠则建议多看多揣摩，多借鉴图谱上的一些优秀家具图片进行模仿和扩版，适当打样，一样能打造出灵动流畅的美器。

在经典传统家具中，使用曲率连续特征的曲线的地方还有很多，我们在《明式家具珍赏》一书中选取如下家具（图14～图18），供大家欣赏。

图11　插肩榫酒桌的牙板立腿连接曲线

图13　案桌实物牙与腿流畅的曲线

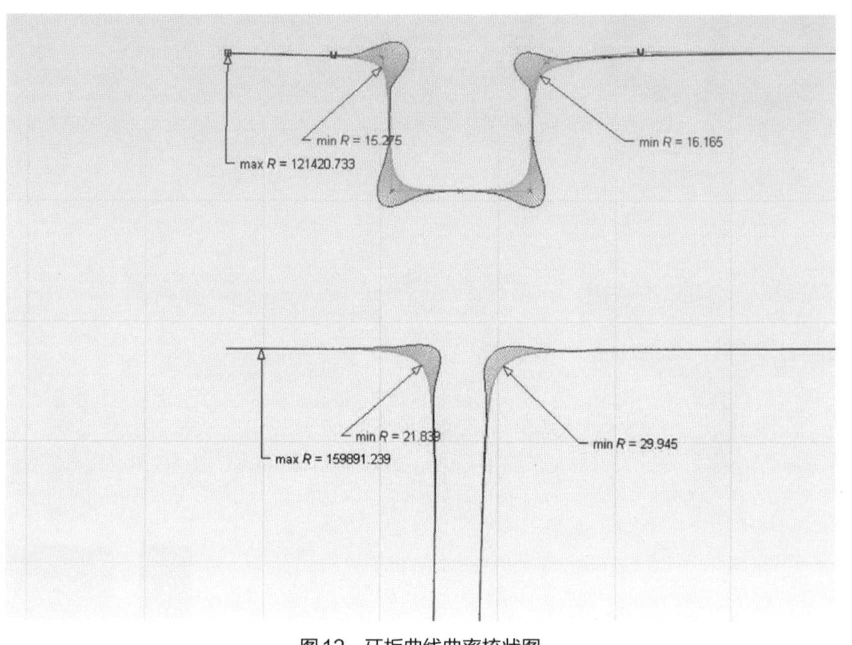

图12　牙板曲线曲率梳状图

图14　束腰展腿花鸟纹牙子长方桌

图15　三弯腿圆几

图16　高束腰长方桌

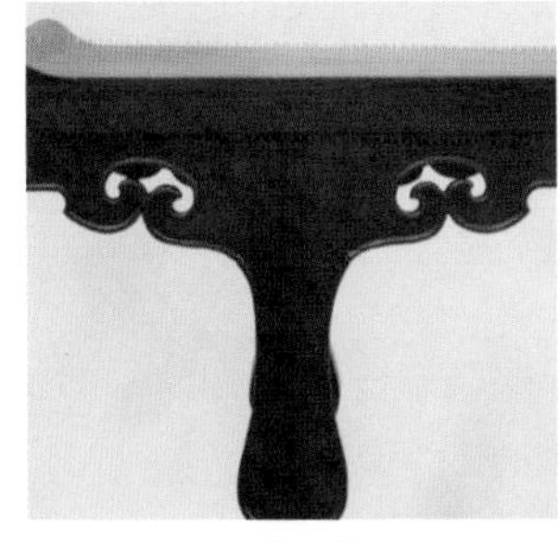

图17　卷云纹牙子

图18　镶云石插肩榫长方桌

“壸门”与“壶门”之正误辨析

文/澄怀观道

近年来在中国传统建筑、明清家具研究著作与画册中，标注部件结构名称时，往往将壶形轮廓状的结构以“壸门”（壸，读音同：捆）、“壸门式轮廓”（图1）或“壸门牙条”等名称标注。但是在民间木工匠人的称谓中，又大多将此结构名称读为壶门。“壸门”与“壶门”之间，必有正误，为此，笔者结合古代建筑与家具典籍考证，认为此结构正确的名称应该是壶门，而非“壸门”。“壸门”一词既不象形，亦不达意，且晦涩不通，查无出处，应为“壶门”之误，具体例证浅析如下。

1.“壸门”之词义晦涩不通

壸，其字义在《尔雅》中解释为：“宫中衖谓之壸”，（衖，同“巷”）。新华字典中的解释与《尔雅》一致，标明为“古时宫中的道路”。在古代“壸”字可以和“阃”通用。“阃”字的字义为门槛，特指城郭外的门槛，可借指妇女居住的内室。但无论是宫中的巷道还是城郭外的门槛，抑或是妇女的内室，“壸门”一词都寓意不通，在词义上难以与中国传统建筑与家具中的壶门形状的结构相关联。且壶门式形状的装饰手法属于舶来品，是随着佛教的传入而用于佛塔宝刹、神龛壁藏、转轮经藏等佛教建筑结构中的装饰，随后各代的家具也逐渐吸取了这一装饰手法，和宫廷内室的装饰形式风格之间并无渊源关系。

再者，在我国古代建筑与家具制作中，主要以社会中低阶层的民间工匠艺人为主体，受文化知识程度所限，对于结构部件的命名，往往联系日常生活中具体的物件，强调直观和象形。例如明式家具中的“马蹄脚”“裹脚枨”“炮仗筒”“瓜棱腿”等等结构名词，既朗朗上口，又鲜活生动，便于师徒之间代代传记。壶门结构的轮廓形状，其线条的波折起伏都与壶的形状相似，因此工匠们以“壶门”来命名，可谓合情合理。

图1　官帽椅的壶门式卷口牙子

2.“壶门”一词，于历代典籍中查无出处

中国明清家具无论是木工制作、榫卯结构还是雕琢装饰都是与传统建筑紧密相连的，涉及具体部件结构名词，也是相互一致。对于中国传统建筑与家具的研究，绝对是无法忽视北宋时期之《营造法式》的。《营造法式》是宋将作监奉敕编修，由北宋官方颁布刊行的一部建筑设计施工的规范书。其内容涵盖了石作、大木作、小木作、雕作、锯作等所有古代建筑工程类别中的施工方法标准、结构比例数据和工序工时等等，是我国古代最完整的建筑技术书籍。这本书多次重刊，并被收入《永乐大典》和《四库全书》，可称之为中国古代建筑行业的权威性巨著。

在《营造法式》的第一、二卷的《总释》中，记载和考证了每一个建筑术语在古代文献中的不同名称和当时的通用名称以及书中所用正式名称，在全书三十四卷文字与配图中，均没有出现“壸门”一词，而全部以“壶门”来命名。

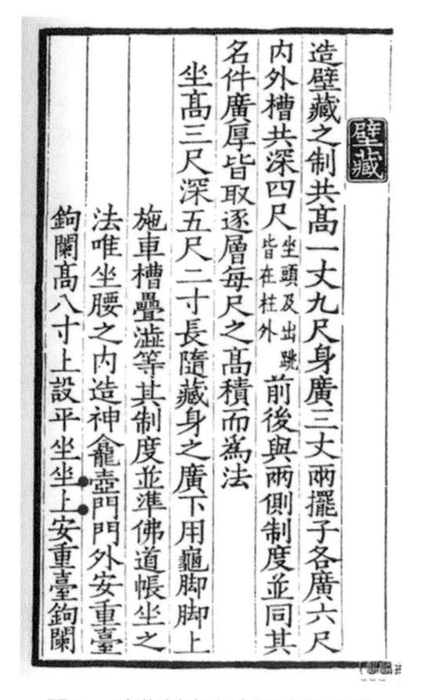
壁藏
造壁藏之制共高一丈九尺身廣三丈兩擺子各廣六尺
內外槽共深四尺（坐頭及出跳皆在柱外）前後與兩側制度並同其
名件廣厚皆取逐層每尺之高積而爲法
坐高三尺深五尺二寸長隨藏身之廣下用龜脚脚上
施車槽疊澁等其制度並準佛道帳坐之
法唯坐腰之內造神龕壺門門外安重臺
鉤闌高八寸上設平坐坐上安重臺鉤闌

图2　壁藏制度之壶门文字记载

图3　佛道帐的壶门形状

例如，《营造法式》卷第三，石作制度，殿阶基之制度中，记载“造殿阶基之制，长随间广，其广随间深，阶头随柱心外阶之广。以石段长三尺，广二尺，厚六寸，间四周并迭涩坐数，令高五尺；下施土榇石。其迭涩每层露棱五分；束腰露身一尺，用隔身版柱；柱内平面作起突壶门造。”这里是《营造法式》全卷中第一次出现“壶门”一词。如果在此质疑建筑中砖石结构的名词不足以对应木工结构名词，那么让我们再看看《营造法式》卷第六至十一的小木作制度。小木作制度主要记述木工中阑槛、门窗、屏风、佛龛等制作工艺与方法。在卷第十，小木作制度六，转轮经藏之佛道帐制度中记载：“用六铺作卷头，其材广一寸，厚六分六厘，每瓣用补间铺作五朵，门窗或用壶门神龛，并作芙蓉瓣造。”另外在壁藏之制度中还写道：“坐高三尺，深五尺二寸，长随藏身之广，下用龟脚，脚上施车槽叠涩等，其制度并准佛道帐坐之法，唯坐腰之内造神龛壶门，门外安重台勾栏……”

在《营造法式》第三十二卷（图2）的小木作制度图样内容中，有佛道帐制度对应的配图（图3），其描绘的壶门形状与明清家具中壶门式轮廓完全相符。

《营造法式》不仅详细规范了以石料、木材

等材料制作壸门结构的规格与工艺方法，还进一步规定了不同施工方式中所限定的工时、用料规格、用钉用胶数量等等，以此对工程项目进行管理与核算。例如，在《营造法式》卷第二十四，诸作工限，雕木作中记载：“鋜脚壸门版，实雕结带华（透突华同）每一十一盘一功”，也就是说雕刻壸门板，以实雕、透雕、浮雕方式雕刻结带花作为装饰，每一十一件记为一个功。

综上所叙，《营造法式》全卷内容中，只有“壸门”，而无“壶门”之说，且《营造法式》历经各朝官府反复修订勘正，一九二五年刊行重印的陶湘版本《营造法式》更是直接参照了故宫内藏版本，并邀请曾任清宫建筑工程总管的官员与多位名匠艺人对此书予以校勘审定，而后发行于世。“壸门”之词，在各版本记载中尽皆一致，因此，排除了典籍中错印误写的可能。另外，遍阅明代的《鲁班经匠家镜》、清代《工部工程做法则例》《工段营造录》等古代典籍，也未出现“壶门”一词，故而，可以断言“壶门”一词，于历代典籍中查无出处，乃后世误读谬传所致。

3.“壶门”一词的谬误溯源

谈到“壶门”一词的谬误缘由，不能不提中国营造学社。1930年朱启钤先生创立了中国营造学社，以研究《营造法式》内容以及中国古代建筑形制、典籍为主。1943年王世襄先生受梁思成的推荐亦加入营造学社，从事古代建筑与家具的研究。营造学社发展期间，大量调查数据和学术文章陆续刊登于《中国营造学社汇刊》之中，此套汇刊对于中国传统建筑与家具的研究和发展具有重要的意义。

《中国营造学社汇刊》共七卷二十三册，从第一册至二十一册所有论文著作中，对于壸形结构名称皆以“壸门”标注，未出现“壶门”字样。例如第一卷第一册的《仿宋重刊营造法式校记》一文中，对《营造法式》中因各版本不同存在的字词相异之处予以了对比与校勘说明，但“壸门”一词在各版本中并无相异，仍予以沿用。刘敦桢先生在《河北省西部古建筑调查纪略》一文中对云居寺塔的记叙中，以图文并茂的方式讲解了佛塔中的壸门式结构，“第一层平坐下的间柱式样和壸门式群版，人物垫栱版等，表示十足的辽代作风。”（中国营造学社汇刊第五卷第四期，三十二页）。文中附图壸门式群版与明式家具中壸门式开光的轮廓样式一致。再有，在第六卷第三期，四十页的《苏州古建筑调查记》一文中，描叙双塔寺外观时写道：“外壁表面则于转角处隐出八角形之柱，下施地栿，上施阑额，每层配列壸门式之窗四处……”

同样，在中国营造学社汇刊第五卷第四期，一百三十九页，由梁思成、林徽因所著的《平郊建筑杂录》第四章节，由天宁寺谈到建筑年代之鉴别问题，记叙天宁寺塔时写道：“塔建于一方形大平台之上，平台之上始立八角形塔座。座甚高，最下一部为须弥座，其束腰有壸门花饰，转角有浮雕像。此上又有镂刻着壸门浮雕之束腰一道。”文中所配图片的壸门花饰也与明清家具中的壸门轮廓别无二致。在此卷的一百四十九页，作者还详细分析了各代壸门形式的不同：“平坐斗拱之下更有间柱及壸门，间柱的位置与斗拱不相对，其上力神像当在下文讨论。壸门的形式及其起线软弱柔圆，不必说没有丝毫六朝刚强的劲儿，就是与我们所习见的宋代扁桃式壸门也还比不上其稳健，我们的推论也以为是明清重修的结果。”

梁思成主编的《建筑设计参考图集简说》被《中国营造学社汇刊》第六卷第二期收录，此文第一集台基中，讲解须弥座的建筑形式中写道“有枭混莲瓣的须弥座，殆至五代乃渐盛行，至宋而更盛。基身或以小立柱分格，内镶壸门等等，基上下枭混始见复杂。”文中配列的图片也清晰地说明了壸门结构的样式（图4）。以上所列章节，只是部分。《中国营造学社汇刊》全书中对于“壸门”的记载随处可见，因此，其装饰手法在历代古籍与专家著作中皆命名为“壸门”已确凿无疑，那么“壶门”一词的误用由何处开始呢？在《中国营造学社汇刊》最后两册，即第七卷的一、二期开始出现“壶门”一词。

《中国营造学社汇刊》第六卷第四期出版后，正值战争爆发，此后中国营造学社被迫南迁，因印刷困难迫使刊物停顿了七年之久。物质极度匮乏的情况下，营造学社因陋就简，采取手写然后用毛边纸石印的方式出版了第七卷的一、二期。因是手写，故而疏漏难免，在这两册书中勘误标明的笔误就达一百多处，“壶门”一词也开始出现在不同章节中（图5），并在随后的传播中以讹传讹、沿谬成习。中华人民共和国成立后编辑出版的简体版《营造法式注释》《梁思成全集》等书籍中，编辑者忽略历代典籍与先辈原著，将梁思成先生早期文章中写明的“壸门”全部改为“壶门”，终至“壶门”谬传于世，以讹传讹，被认为是传统建筑与家具部件结构名称谬误之源头。

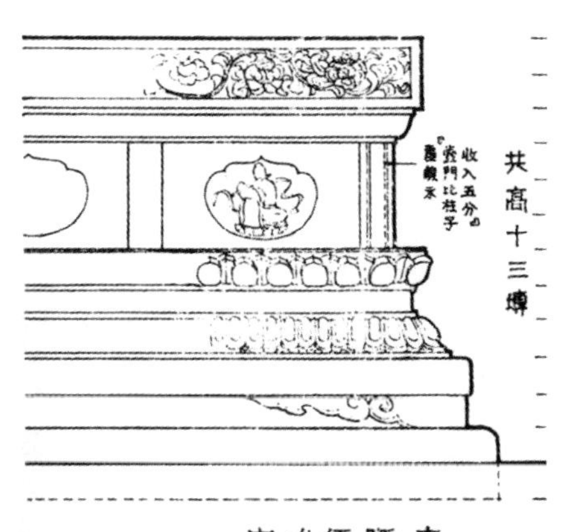

图4　须弥座的壸门结构

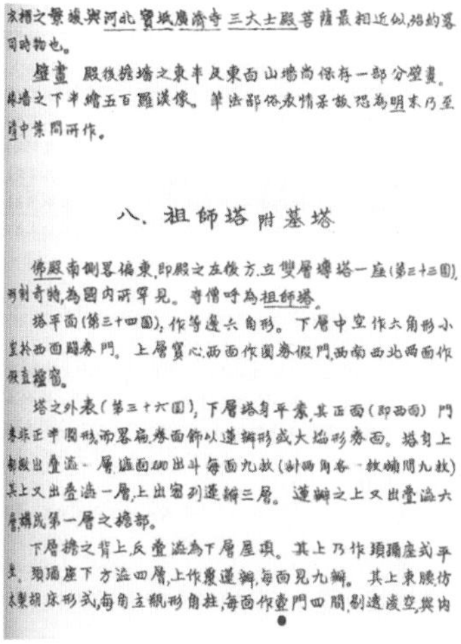

图5 《中国营造学社汇刊》第七卷出现“壶门”

虚极·静笃——明式家具之圈椅的方圆之美

文/茅台酒

说起明式家具，很多人首先想到的大概会是——圈椅。

的确，椅子作为明式家具的典型代表，以其极高的艺术审美价值和至今不衰的日常实用价值在人们心中留下深刻印象。作为典型中的典型，最为常见的明式椅具——圈椅，这个基于中国传统知识分子主流审美价值构建的实用器物，其成熟器型无论在造型、结构，还是细节、修饰，乃至性格、精神上都给人以美妙优雅的古典文人审美体验，在妙品林立的明式家具群像中也能出类拔萃、熠熠生辉，大有可圈可点之处，非常值得细心品味。

1.造型——矛盾统一，变化均衡之美

从正面、侧面看去，古法精制的圈椅腿足会呈现出明显侧脚，也就是腿足并非垂直于地面，而是从下到上逐渐内收（图1）。直到顶端的椅圈，才又划出美妙的弧线扩展出来。立面构图中，圈椅显现出腿足虽有侧脚收分但上下极为均衡的和谐状态，这个手法源于传统大木作建筑结构，它有着稳定牢固的力学原理，受压越增大，结构越紧密，这样的造型在结构上非常合理。又由于椅子是低于常人视点的器物，出于透视关系，人视之容易产生头大脚小的透视变形，而有了上小下大的适当侧脚，则恰好可以适当修正观赏者近看时产生的视觉扭曲。

图1　透雕麒麟纹开光靠背圈椅

腿足顶端是椅圈，椅圈的圆弧恰到好处地在连接四腿的同时，顺势自然地向外突出。使得上下构图在倾斜不对称中获得均衡，显得极为稳重挺拔。由下到上产生“宽—略窄—更窄—宽”的韵律，和古建筑“大台基—梁柱构架—大屋顶”的构图有着异曲同工之妙，这一造型原则被明式家具反复使用，屡试不爽，成器稳重之余极富动感。椅圈大小亦有着独具匠心的考量：它在地面的投影与四条腿的着地点所构成的矩形和谐交叉内外互容。因此可见，这个立面均衡构图的获得并非偶然。试想若没有这点微妙的侧脚，器物将会是怎样的头重脚轻、笨拙不堪，也正是这点微妙的侧脚，将给制作者增添相当的困难。

纵观存世的大量精美圈椅实物，其座面上下的纵向尺度比例多接近均分，也就是说总体高度大约在105厘米之内，座面高度大约在52厘米之内。由于侧脚及上圆下方的格局，让人并无完全对称的呆板感受，这也是圈椅造型巧妙之一。又正是这一经前人多次探索尝试获得的经典比例关系，让如今业者进行的降低座高以适应现代使用的尝试屡屡受阻：减少了下部尺寸而不减少上部尺寸必将产生“离中实，坎中虚”的别扭局面。而相应减少上部尺度，不仅让人倚靠的位置降低而变得不适，还会由于无法收窄座面形成“小胖墩”的感觉而顿失空灵。有过这类心酸的尝试经历会让人更觉前人留下的经典真是自有其成为经典的道理。

圈椅造型之美还有一点很重要，那是妙在方圆之间，既有对比，又能统一，周身方圆造就了柔而不软、挺而不僵的和谐气质，方圆之妙存于椅子的方方面面点点滴滴，取其中几个最具代表性的说明如下。

（1）整体造型天圆地方

上部浑圆的椅圈柔和舒展，承担着供人放松倚靠的功能。它以适当的大小比例、合乎人体手臂放松姿态的倾斜角度与逐渐内收到相应高度的四条腿自然衔接，并与之构成一个极具韵律感的悦目整体，实现了方与圆平和过渡。下部的腿足、椅盘方正稳重，以最简洁的构成实现了承载的主要功能，与上部椅圈之间形成天圆地方、刚柔并济的和谐格局。

（2）局部造型外圆内方

这一点以腿足下部最为典型，常见圈椅腿足下部均采用外圆内方的做法，这样做不仅确保腿足在外观视觉上的浑圆柔润与上节流畅衔接，又能在内侧留出直角承受椅盘荷载，同时留有内侧的直角不予修圆还能有效保留腿足尽可能大的截面，在获得美丽外观的同时也能获得最佳的材料强度。

远观一张圈椅，没有人会觉得除了那个明显的椅圈之外，其他部位也是会圆的。的确，除了椅圈之外的整个构架尽管有着侧脚，但就整体而言，它是直线的构成，也就是我们常说的直线形框架结构。而凑近观察，不难发现除了那些远观就感觉浑圆的位置外，很多貌似直角的棱边其实也被轻微地倒圆过，全身上下并没有任何一个棱边是真正意义上的方角，不说微观层面的方角，甚至都没有任何一个肉眼可察范围内的方角。传统家具尤其是明式家具，直角棱线一般都需要适当倒圆，这与明式家具一贯彰显的风格圆润是吻合的，同时倒圆的结果又竟然暗合了“外圆内方、圆中有方”等象征意义。就像中国古建筑，远观基本是直线框架或直角实体（天坛土楼等少量例外），近观却几乎找不到任何一个很刚硬的直角，任何一条棱边，全是浑圆柔和、亲切内敛的大大小小的弧线。这一点在精神层面像极了外挺拔内虚灵、刚柔并济且不断划出大大小小无数弧线的武林绝学——太极拳。

（3）椅圈造型极具书法意蕴

圈椅的构件中最吸引人的莫过于椅圈，一张做得好的圈椅，它的椅圈必定充满着美妙的书法意蕴，充满着行云流水的动感。这个椅圈貌似简单，就是一个浑圆的靠背连接扶手，最后在端头略大略扁略回收罢了。其实并不这样简单，很多非专业人士不太注意到椅圈的粗细变化，而这个粗细变化就是它的造型精华。从顶上看下来，熟悉书法的人不难发现椅圈的形态和他们常用的笔法极为神似：左侧扶手端头处是落笔、顿笔、回笔、藏锋—扶手与鹅脖连接处的较细的一段是提笔上行（墨迹变细）—扶手到靠背搭脑一段是顺势继续外撇接向内大力落笔（墨迹又由细而粗）—到达椅圈正中间时达到最大力度（尺度最粗）—靠背搭脑到右侧扶手一段落笔顺势又由重而轻（墨迹又由粗而细）—到右侧扶手与鹅脖连接处达到提笔上行（墨迹与左侧一样达到最细）—最后到达右侧端头顿笔、回笔、收锋。整个轻重有度、缓急有法、锋芒内敛、自然流畅。不管是否出于主观故意，椅圈确实体现了巧妙运用书法运笔的一些常规基本范式，显得颇有灵气，极具动感。

（4）边抹座面，以实纳虚

器型的亮点是椅圈，而器型的中心重点则是边抹与面心构成的座面（图2）。这个构件组位于整体的正中间位置（常见圈椅总高105厘米，座高52厘米），且是整体构成中唯一一处非框架虚空而以实体形态出现的部位——大边抹头围合面心。一般常见圈椅面心是整板或拼板做成，但考究的器型终归还是藤面软屉——底层是略带弧形的弯带、中间是绷在边抹上主要受力的棕绳、上层是精美细腻的藤编表面。无论从质感、体量还是从色调、造型，我们都能看出，这是一个以实纳虚的格局。而中间显得“虚”的部分又极有层次，类似中国传统建筑渐进渐变的空间属性，并不是单纯的虚或单纯的实，也不是单纯的刚或单纯的柔，它从藤面到棕网再到底部的挖弧度弯带乃是一个从柔到刚、从实到虚的平稳过渡，让人安坐其上既不觉得太软缺乏支撑，又不觉得太硬不够舒适，简直可以算作中庸平和、刚柔相济的典范创作。

图2　明式圈椅

（5）腿枨框架，虚中纳实

除去座盘之外的其他部分则基本是大木结构框架形式的微缩再现。其中较大的构件是靠背，它虽然较其他构件宽大很多，但是仍然明显的窄于一个成年人的腰背部宽度，看起来似乎并不能支撑整个背部的依靠，但真正靠上去又才发现，这个常规宽度在15厘米左右的靠背恰好踏踏实实地支撑了人体背部略微突出的脊椎及脊椎两侧长条肌肉组织，换言之，就是说即使这个靠背的宽度与人体背部宽度尺寸一致，我们真正能靠上去、靠踏实了的背部宽度大约在15厘米左右，巧妙的设计以少胜多。剩下的框架我们可以明显感觉底部是一个类似箱型的结构，但是在框架足以完成起结构任务的情况下，腿足与管脚横枨之间并无封板，为了加强侧向抗剪作用，腿足与横枨的众多交接处设置了宽度不大的片状牙条牙板，而它们除了让结构得以加强外，也一举打破腿足横枨由于接近造成的框架单调感，柱体与片状的对比使得椅子下半部分承重结构既结实，又美观。

椅子上部的框架架构基本是起到支撑人体靠、扶、凭、倚的，靠背及成对的后腿上段、联邦棍、鹅脖构成了纵向支撑，椅圈与它们一一连接，并将它们统领成为一个半围合空间，实现对坐者的“拥抱”之态，它们在椅圈统领下成为一个仅有框架并无“墙体”的虚拟半包围结构，虽然靠背及成对的后腿上段、联邦棍、鹅脖之间是空的，什么也没有，但是我们分明能够感觉那个空间有着一个虚拟的面，这个面还与椅圈的走向弧度相吻合，框架结构形成的虚实关系在此表现得淋漓尽致。虚中纳实、寓有于无，比纯粹的虚和简单的实更值得品鉴者揣摩回味，充满象外之象的美妙意境。

2.结构——榫卯结合，大道至简，相制相生

在结构上，圈椅中涵盖了明式家具的许多榫卯类型，表现出强烈的相制相生、共建稳定的阴阳和合之美。

传统明式家具构件之间的连接绝大多数是采用榫卯结构完成，对于不同的构件、出于不同的需要，榫卯结构的形式也多种多样，纷繁复杂。圈椅的构造使用了很多种类榫卯结构，其中还有较为典型的弧形构件连接专用的楔钉榫。然而无论榫卯结构再怎么千变万化，它的原理无外乎：阴阳和合、相制相生。一如传统文化中的众多门类，以及众多门类中的众多手法，往往被归纳总结后不过寥寥几字，诸如园林营造不过“虽为人作、宛自天开”，中医辨症不过“阴阳、虚实、热寒、表里”，等等。我们的文化博大精深的后面总有着简约美妙至极的深刻原理。

任何榫卯总是由榫头和卯眼组成，其关系是显而易见的阴阳结合的关系。它强调一个“和”字，过紧会胀裂，过松又会不牢，它需要一个适度的过盈关系，来实现构件之间的牢固连接。虚实有度、阴阳和合就是原则，在这个原则下，需要制作者根据榫卯所处位置、构件材料属性等进行尺度合适妙到巅毫的画线制作，使得相互配合既不勉强也不松弛，恰到好处地把构件牢牢结合在一起。构件之间不仅通过榫卯连接形成一个物件整体，联合的同时，还完成了构件之间的相互制约，解决了木料在常态下的蠕变问题。于是，一组稳定和谐的整体结构在若干个阴阳和合、相生相克的榫卯连接中得以构建。不可谓不妙！

3.细节——写意取势，精彩点穴

在细节上，圈椅要么空灵无为，要么精彩点穴，无论怎样都充满写意取势的从容大气。和众多其他明式家具一样，圈椅的细节处理也往往采用含蓄内敛不落痕迹的手法。远观之，似乎光洁素雅，毫无装饰，仔细近看会发现那些变化多端、巧妙隐藏的各种精美线脚，还会发现某些局部的雕饰甚至会极为精致华丽！是的，它是一件看起来极为空灵淡定的器物，拒绝浓妆、拒绝矫饰，甚至低调矜持、宁缺毋滥，只以自己的结构美感来进行最终的审美表达，这是一种怎样的情怀和气魄？“完成功能结构的同时也已经实现美感体现”是古今中外多少建筑师、设计家们的创作追求！就这一点而言，中国古建筑、明式家具做得很好，而圈椅更当得其中佼佼者，几近完美。这种不需装饰表现的从容自信，使它仅仅以写意的形体构成，就已经取得不凡的态势。博大气魄在娇小身躯中迸发而出。

图3　圈椅靠背麒麟纹雕花

写意之余，偶尔也不乏精彩的点穴之处。靠背上的雕花无论是麒麟还是苍龙，无论是如意还是牡丹，都在传世圈椅中留下令后辈景仰不已的经典图案，雕刻得生动自然，精致无比（图3）。仅此一笔足矣，其他部位无须再多雕琢。

4.性格——文人之器，低调含蓄，中和之美

学术界的主流观点认为明式家具是明代文人参与设计制作的，因此也造就了明式家具的巅峰成就。既如此，所制器型难免会表现文人们的特殊气质。有人说，在性格上，一把明式椅子，可以将中国古代知识分子外柔内刚低调含蓄的文雅气质表现得淋漓尽致。

就圈椅观之，大约此言不虚。

圈椅的结构刚柔关系前面已经详细表述，可以看到的结果是：它的外在表现确实曲线柔美，不仅有椅圈的浑圆，更有周身并无任何尖锐棱角的和谐，与人相处柔和大度、平缓中庸。无论观感还是触感都令人感觉不到生硬冰冷，而只需凝神远观，不难发现其核心本质是方正刚直的，整体挺拔中正之气一目了然，骨子里独特的个性和气质并不因为外部表达的柔和舒缓而有所减弱。与传统知识分子一贯平和待人慎独律己的个人修养有着无言的默契。

圈椅是低调的。圈椅一般不把自己极具价值的身段张扬地展现出来，也不对自己身躯进行太多繁复的雕琢装饰，一把传统意义上的明式圈椅，无论它有多少因人而异的变化，但整体而言终归是舒雅空灵的，一般不会有太多装饰，更不会有矫揉造作虚张声势的外形，偶有这类器物存世也被学术先贤王世襄先生列为病例。

它又是含蓄的。所有的弧度、线脚都表现得极有张力极有动感，浑身上下无论整体还是局部，无论直线还是曲线，都有着连绵不绝、意犹未尽的韵致。所谓含蓄是本可以张扬开去，却又要内敛回来，含蓄内敛的形成是向外向内两股力量的矛盾平衡，它们之间的相互作用最终表现出了一种极具意境的力度感，这个力度感正是一件优秀的器物设计中必须具有的生生不息的生命表达。它是一种引而未发、不顶不丢、松而不塌、坚而不僵的状态，是一种即将走到巅峰而又永远未达巅峰的状态。

这恰恰是一个美好的中间状态。一把椅子，将中国古代知识分子外柔内刚低调含蓄的文雅气质表现得淋漓尽致。

最后，在精神上，我们可以在圈椅中欣喜地发现前人对自然、对社会、对人体、对人生的认识理解，发现那些耳熟能详的：致虚极、守静笃、致中和、平阴阳、道法自然、松静恬淡、似是而非、生长收藏、本来无一物，何处惹尘埃……发现那些渗入其中的浓浓的禅道情怀。

看见一件形制工整的圈椅，我们不难联想到一个正在微蹲马步、抱元守一的修行者形象，两者之间的相似形体显而易见，这是一种松静自然恬淡虚无的道家理想状态，在这个状态中，我们还可以发现圈椅造型、结构、细节等方面那无处不在的虚实相生阴阳和合的关系，它们无不吻合大道至简、道法自然的道家世界观。观察这种外挺拔内虚灵的形象时，略有传统文化修养的中国人难免还会直觉吟诵：致虚极，守静笃，万物并作，吾以观复……

以黄老之道一脉相承的中医认为人体健康的最高境界是“致中和”。圈椅的方圆关系、刚柔关系、榫卯关系，处处在表现着中和之美。阴阳协调之后，美便油然而生，一如人体，阴阳调和自然健康。美，当然是健康的题中之义。传统养生法中常见的站桩或坐姿往往要求：脚与肩宽、屈膝坐胯、收腹松腰、含胸拔背、沉肩坠肘、虚腋开掌、下颌内敛、牙齿轻叩、舌搭上颚、百会虚领等等这个描述几乎活脱脱是一个坐在圈椅上的自然姿态！仅说被椅圈架起来的双臂，就满足了沉肩坠肘、虚腋开掌的要求，而这个手臂摆放方式恰恰能够让心包经等重要经络得以正常疏通，以便上肢气血流畅。如此这般不一而足，唯有再叹前人造物，确是了得——妙！

如此妙器，安坐其上，岂不有着片刻真实而自由的逍遥之感。

纵观圈椅上下，大大小小的构件、方正柔美的造型，还会给人似是而非的模糊感受，它直吗？它曲吗？它是方的？还是圆的？它是虚中有实？还是实中有虚？其实它也方也圆，也不方，也不圆。虚虚实实、实实虚虚，何必刻意计较呢？何必心生分别？虚极静笃中感悟其中的恬淡之美便了，本来无一物，无须朝朝勤拂拭。跏趺其上，它的空灵韵致或能助人早入禅定化境。

隋唐以来，三教融合。明代儒生造物之际妙用禅道心法而得美器，实在令我等后人仰望之余欣欣然自得、自信、自豪。面对如此寻常可见之器物，面对如此非常精微之造化，深以自己幸为华夏子孙为傲！

灵动之器！妙哉，圈椅！

论明式家具之圈椅制作

文/仁品堂 编辑/大本

长期以来，明式圈椅作为中国家具文化代表性的传承器型（图1），被多次刊登于海内外的专业媒体。它身上体现的天圆地方、天人合一的思想，彰显着中国博大的传统文化精髓，被当作中国文化的象征之一而广为传扬。同样，传媒的影响也反过来造就了明式圈椅存世款式的不断挖掘和坊间产量倍增的现状。

笔者从艾克、安思远、尼古拉斯·格林利、马科斯、柯锡思到王世襄、田家青、叶承耀、伍嘉恩、黄定中等国际明清家具大家的图录，得到诸多对于圈椅的认知，也纠正了许多以往盲从业界的错误。读万卷书，行万里路，实践中可得到一份心境的追求。

图1　圈椅

看了太多图录的佳器美图，再回想起经历过的20世纪80年代盛行流通老货的时期，其中值得留恋的器物屈指可数。阅器无数之后，笔者感觉，不是所有的祖传老货古董都能给我们带来美的感受，能真正吸引人让人静下心去认真对待的物件才是大美之器，文化的传承并不是浮躁的延续。据家父回忆，旧年间，他曾经过手上品的黄花梨圈椅，椅圈十分规则圆润，而今日很多商家粗制滥造，造成了大量的“尖头圈椅”出现，实在不堪。

明式圈椅，顾名思义指具有明朝时期圆形椅圈式样的椅具。具体到了椅圈的圆度，联想起中国的太极八卦（图2），惺惺相息，生生相克。再者，古人意识里认为宇宙是博大的圆，而人类只存在于一方寸土之间，圆和方也就相应地互相映衬起来。

细究八卦阴阳分界的“S”曲线，发现它和圈椅的椅圈的曲线走向高度近似（图3）。

这份佐证同样标注在第一个著作明式家具的德国人——艾克先生著作中的一个五段式椅圈尺寸示意图中（图4）。从这个图上可以看出，椅圈并不算一个标准的圆形，而是由五节半径各不相同的椅圈组成，严格意义上说属于几何学上的曲率连续曲线。因此，在加工椅圈时，要仔细设计曲线弧度并进行打样。

艾克对于椅圈曲线弧度的研究，给大家提供了对椅圈的一种解读和成果。好的椅圈曲线一定是圆滑自然，符合人体工学，倚之可让人全身服帖，舒缓放松的。实际上，历史流传下来的圈椅数不胜数，椅圈也有多种弧度样式。上海博物馆的透雕麒麟纹背板圈椅的椅圈和艾克的设计图就有明显差异。该圈椅的背板上方的一段椅圈弧度就非常平缓。实际上这种设计更符合人体后背的形状，人靠上去背部帖合度比艾克图款更好，坐起来也更舒服。圈椅本身尺寸有大小，专业的工匠应该根据圈椅整体尺寸、人体工学、使用场所、家具搭配和整体风格等多种因素斟酌椅圈的弧度曲线，先做出样板，再按板下料。现实中，每个厂家的样板和别的厂家大都有些区别，这也形成了不同厂家圈椅成品的不同视觉感受和使用体验。

1.明式圈椅椅圈的工艺

关于明式圈椅椅圈的工艺，分为三种形式，这三种形式的工艺统称为合掌式楔钉榫。这种榫卯结构，通用于圈椅、圆凳、圆桌的边框连接，也是古家具修复短料接长料的常规工艺，合掌式楔钉榫三种工艺形式如图5、图6、图7。

三种楔钉榫接形式各有利弊。第一种全明式楔钉榫接在横向没有限制，在外力下容易发生横移错位，没有第二种全暗式牢固；第二种全暗式楔钉榫接的榫卯加工复杂，在修理维护上没有第一种轻松；第三种明暗式楔钉榫接属于前两种在工艺上的折中。这三种工艺并没有对错之分，选择时只要自身认可其中一种工艺就好了。不过从追求外观完美和工艺极致角度，一般更多采取全暗式楔钉榫接方式，如果要追求结合强度则可以选用全明式，不过一般会再增加销钉防止横向移动。鉴于圈椅的椅圈已经有立柱、联邦棍和鹅脖分担支撑，因此采用全暗式最为合适。

明式圈椅的靠背板有呈“S”形和“C”形两种造型形式。这两种方案都有其特定的人体工程学价值。“S”形靠背比较适合挺拔身材的人体，而“C”形靠背更适合胖身材的人（图8～图11）。

对于椅具来说，舒适的靠背一定是符合人体工学的，不管是“S”形靠背还是“C”形靠背，都要有一种贴合后背的感觉。这些年来，因为原料的稀缺和价格上涨，为了降低成本，一些厂家开出平面的靠背板后，采用加热弯曲处理的方式来形成这种曲线。这样子的处理，其内应力长期存在，在湿度变化的时候可能因应力释放而损坏成品物件。这样的做法是极不可取的。

图2　八卦

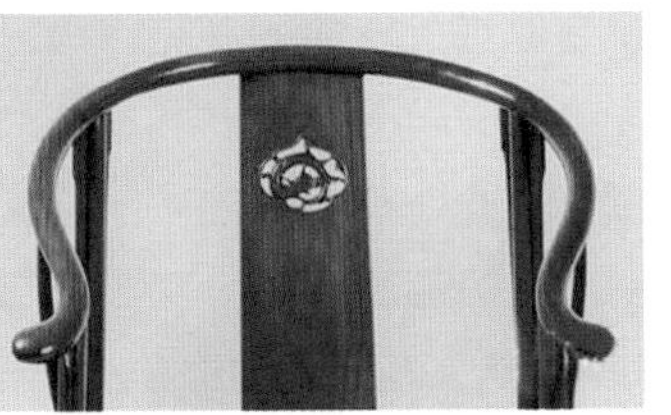

图3　椅圈

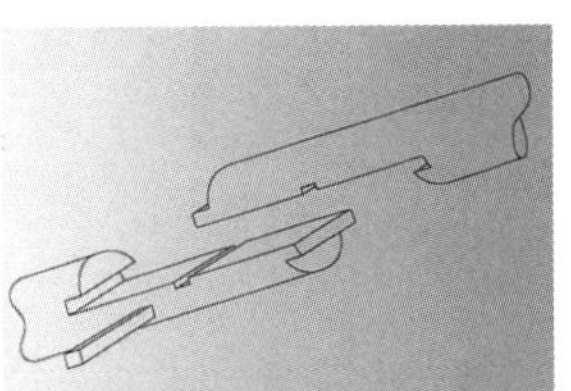

图5　常规标准工艺——全明式

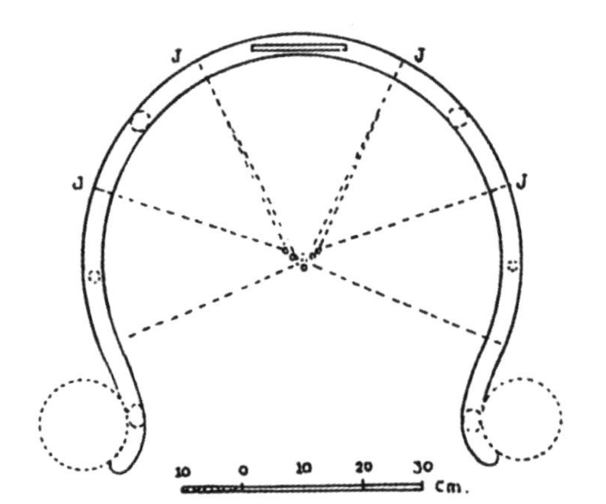

图4　古斯塔夫·艾克的椅圈设计图

图6　非常规——全暗式

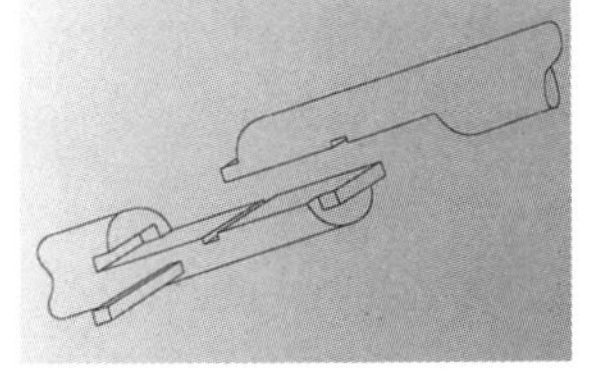

图7　非常规——明暗式

图8　“S”形靠背板

图9　人体曲线图

图10　“C”形靠背板

图11　人体曲线图

明式椅具的靠背板在制作中要掌握好扎实的视觉差诀窍，靠背板底部宽度稍微大于靠背板顶部（约3毫米），从正常站立的人的视角看，会觉得靠背板仍是上下等宽的，相当于一种视觉上的补偿和平衡。靠背板的底部越宽大，则成器后针对腰部的支撑也越舒服。

明式圈椅面框由两个大边和两个抹头构成，大边和抹头采用格角榫结合，面框内侧开槽，镶入面心板，这就是常说的格角榫攒边工艺（图12）。为了防止面心板变形，一般还会在面心板底部开燕尾槽，槽中打入穿带，插入大边中部的榫眼。格角榫制作通常在大边出榫，抹头凿眼。大边上出长榫，同时加留三角形小榫。根据小榫是否出头分有明暗两种（图13～图16），另外还有一种不加三角形小榫的做法（图12）。

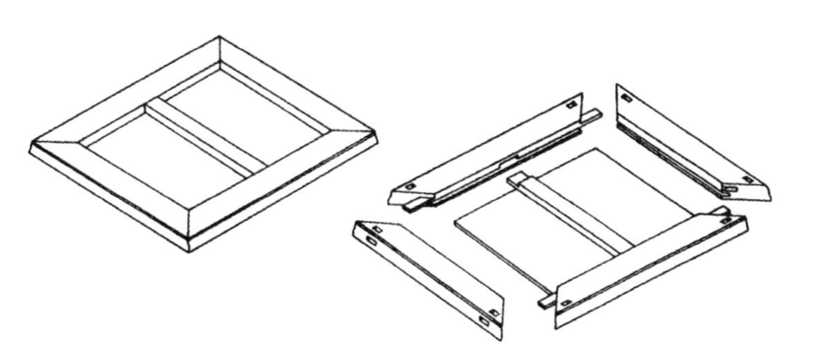

图12　格角榫攒边工艺（无三角形小榫）

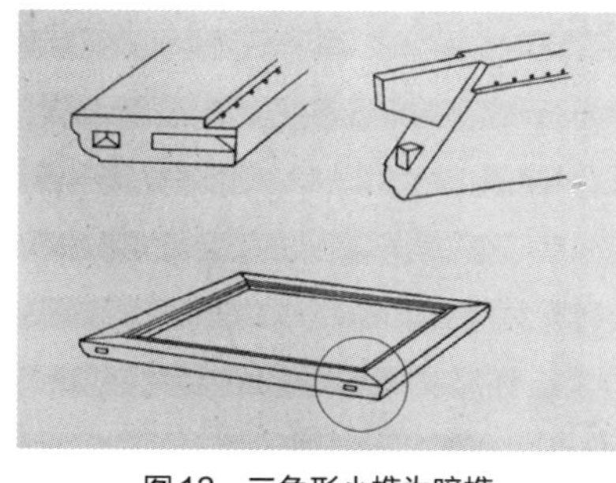

图13　三角形小榫为暗榫

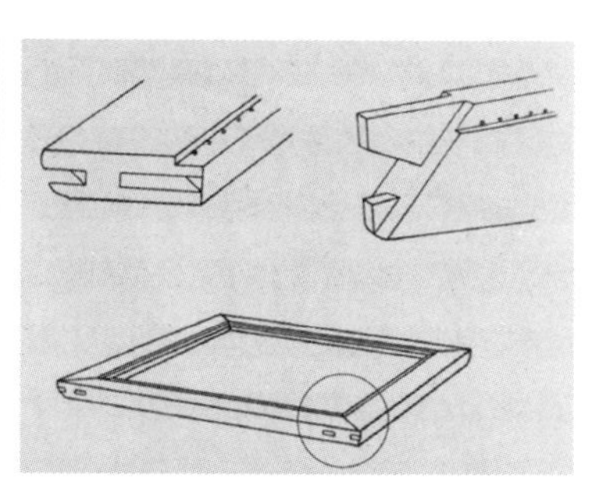

图14　三角形小榫为明榫

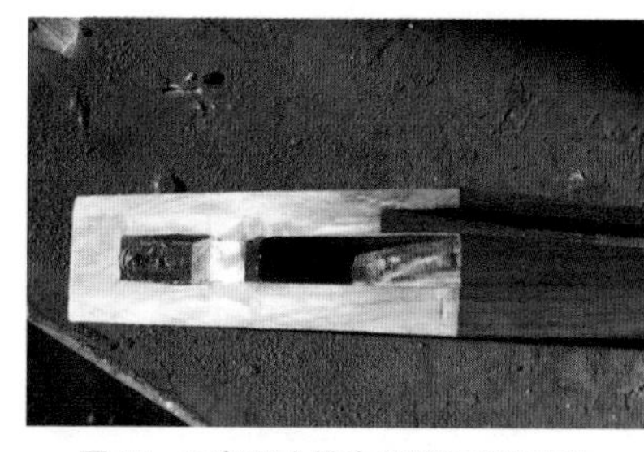

图15　三角形小榫为暗榫的榫眼实物

图16　三角形小榫为暗榫的榫头实物

从成品外观上看，三角小榫为暗榫的，在抹头一端侧面能看到一个榫头出榫（图17）；而三角小榫为明榫的，在抹头一端的侧面能看到两个榫头出榫（图18）。三角小榫为暗榫的结构工艺复杂，但是比明榫在外观上看起来更加干净利落。

图17　三角形小榫为暗榫的抹头外观

以上三种形式的椅面边框格角榫卯结合方式，三角小榫为明榫，抹头外观不够干净，三角小榫为暗榫或无三角小榫则抹头外观只有一个出榫，比较干净清爽。不过无三角小榫的做工尽管很省事，但是却不是一个好的选择。因为没有三角榫的制约，大边和抹头在格角部位的尖部可能会因为木材抽涨导致上下互相错位变形，影响品质。

图18　三角形小榫为明榫的抹头外观

以大边和抹头组成的边框作为椅具的主承载构件，是椅具榫卯结合最多的部位，所以，四个边用料的厚重也是不可忽视的地方。良心商家一般要求边框厚度大于3厘米，以保证足够的承重强度。

2.座面攒边打槽装板工艺

座面攒边打槽装板有四种安装工艺。根据心板与边框在上平面是否齐平可分为平镶、落堂（樘）平镶、落堂起坡和落堂踩鼓四种。分别对应图19的A、B、C、D。

平镶式座面（图19−A）多用于桌、案、几这类承物面要求为平面的家具。面心板材的边簧制作位于心板的下半部，边簧装入到边框的槽口内，保持面心板上表面与边框上表面齐平。这样座面从边框到面心板都是一个平面，视觉效果最好。实物图如图20。平镶对面心板的干燥处理要求比较高，这样可以避免心板与边框之间的伸缩缝过大。

所谓落堂，亦作落樘，是指面心板在入槽位置的上平面低于边框上平面入槽。一般落堂高度在3～5毫米左右。落堂工艺很好地解决了平镶工艺的一个显著缺点，即面心板因为干燥收缩产生收缩缝，既有碍观瞻，又影响使用。落堂因为入槽处的心板面与入槽的边簧上平面一致，当心板收缩时，边簧退出卡槽少许，心板上表面的外观基本没有变化，只要在心板收缩稳定后，对退出卡槽的部分边簧白茬表面重新打蜡或上漆，就可以做到椅面整体颜色一致。

落堂平镶（图19–B）类似软屉的藤面在带弧度的压条之下。落堂平镶的坐感也不错，实物如图21。落堂起坡（图19–C）是心板落堂入槽，从边簧出槽位置开始起一个长度约为1寸*的微拱形弧度的斜坡，该斜坡一直上到心板上平面。这个工艺的要点是要做到起坡弧度圆滑，与上平面连接过渡自然，不可出现突兀的折线。落堂踩鼓D做法则是心板落堂入槽，边簧上平面向椅面内侧延伸1寸左右，即起小斜坡抬高约3毫米到心板上平面，相当于面心板中间鼓出一块方台。落堂踩鼓的做法是明清家具的一种典型的制作工艺，被大量用于椅凳橱柜心板、抽屉面板、开光雕板等位置。古人所谓“文似看山喜不平”，落堂踩鼓同样可以起着让心板表面有所变化，避免平板枯燥的效果。

实际使用中，基于硬屉板结合工艺的圈椅座面是否与边框整体齐平，使用人的视觉感受和使用感受差别并不大。从外观变化角度来看，落堂安装方式要比平镶方式更适合椅具座面。平镶式则更适合制作桌案几等承物家具。

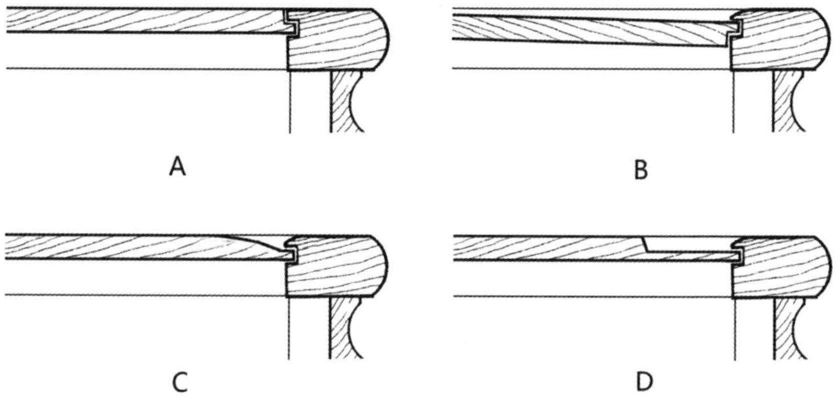

图19　攒边打槽入板工艺方案

图20　平镶式座面

图21　落堂平镶式座面

* 1寸＝10/3厘米

3.椅盘面框与腿足的结合工艺

面框与腿足的结合方式常见的有两种，即腿足贯穿椅盘（图22）和椅盘卡住腿足（图23）。前者还被称为贯口工艺、“水管工”，后者也被称为卡口工艺（相关讨论见麒麟论坛）。

贯口工艺中，椅具的前后腿在椅盘上下部分均一木贯通，上部做成了圆形截面的鹅脖和后支撑柱，下部腿足部位做成了外圆内方的形式，利用内侧的方角托住椅面。如果在未来椅具需要维修也很方便。这种方案是先将椅面结合起来，从椅具四腿上部将椅盘套下去。因为腿足在制作中没有破坏圆柱的完整性，所以更为坚实。

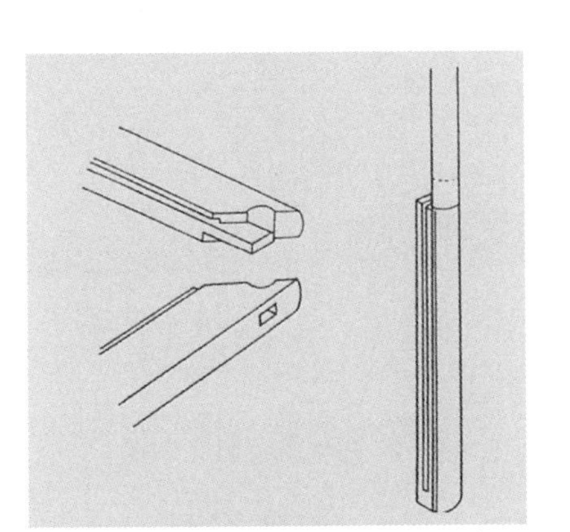

图22　腿足贯穿椅盘（贯口）

卡口工艺中，椅子的前后腿足在椅盘结合的部位削出一段方颈，椅面边抹的四角也开出方孔，相互结合时，利用方孔卡住腿足，这个工艺较少发生在明式椅具中。一般腿的方料截面边长尺寸在3.5厘米左右，做成的卡口边长约2.2厘米，腿足在中间部位缩颈开方，势必削弱腿足的强度，容易折断。再者，这种方案在未来维修时也多有不便。维护者要先把左右两侧边抹打开。如果在两侧的券口牙板四面入槽的情况下想要打开这个部位，非常不易。所以采用这个结构的椅具只能做到券口牙板顶部不入槽口。再就是矮老加罗锅枨的方案结合到这种卡口工艺，未来维修时也比较复杂。

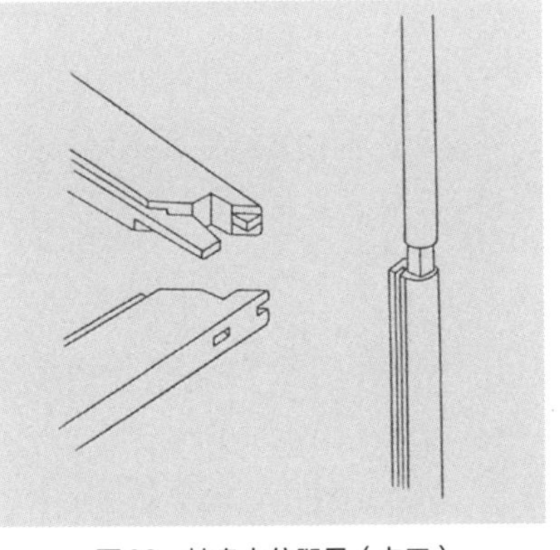

图23　椅盘卡住腿足（卡口）

除了贯口和卡口，还有一种腿足上下分离的做法（图24）。这种做法主要是因为有些扶手椅的鹅脖存在后移的情况。在规范使用榫卯结构的前提下，合理使用这种方案也可以接受。但是，个别粗制滥造的商家，利用消费者专业知识的欠缺，将一些不够取材的原料上下分别做好，在椅盘角部开孔中，仅靠孔柱结合上下简单连接起来，牢固度很差。这样的现象也出现在清中期和民国期间的老家具中。这种方案不管是有意还是无意都是非常不可取的。

图24　前腿足上下分离

谈到这里，也想起一些朋友经常提到，某某家的椅子坐上去实在不舒服，一开始坐上去，人就往下滑，就好像椅子有不想被人坐的感觉。这里就有相关的椅面尺寸和椅圈角度的问题。合理的椅具坐上去应该是让使用者有身体往后送的感觉。这种尺度的把握完全掌控在各个厂家的设计和工艺上。

顺着圈椅由上往下，话题延伸到券口牙子。券口牙子板条角结合的工艺也被称为“揣揣榫”。所谓揣揣榫，意如两手相揣入袖的意思。揣揣榫结合方案分为以下四种。

（1）正背双面格肩揣揣榫

角接的两个板条分别各做一个榫头和榫眼，互相格肩插入（图25）。按正背面都格肩的方式，榫头均不外露，内外券口接合缝视觉呈倒八字，侧部不露榫头。因为这种工艺对牙板厚度要求高，要将近四个榫舌的厚度，所以对椅具腿足的直径也相应有所要求，故多用在尺寸比较大的椅具。

（2）正面格肩，背面不格肩揣揣榫

这种正面格肩而背面不格肩的结构是在立条上做出嵌入的榫头，插入横条的榫孔里，形成齐肩膀相交（图26）。这种工艺在明清家具中较为常见。

（3）嵌夹式揣揣榫

嵌夹式揣揣榫在也是常用的造法（图27）。一片板条上开榫，另一片板条上开槽纳榫，也有做法直接将两片需要结合的板条都沿格肩开出榫槽，利用一片单独的木片插入，穿销代榫，把两片牙条结合起来。由于嵌夹式只有单榫，而且榫舌也不长，所以结合不结实，在椅子的牙板上不建议使用。

（4）合掌式揣揣榫

合掌式揣揣榫也称为格肩胶粘式（图28）。这种方式也可见于自清代以来的各种椅具中。两片牙条，在交接位置各自削薄一半呈三角形榫头状，合掌胶粘。这种方法不做榫卯仅靠胶维持结合，时间长了，胶失效后，结合部位也就松开了。这也是这四种牙板连接方式中最粗制滥造的。

4.腿足管脚枨

管脚枨用于脚部位置连接四腿，起着加固稳定的作用。正前方的管脚枨须做成踏板，底承托牙加强支撑。也有椅子将两个侧面的枨子托牙或做成踏板托牙。枨子根据腿的截面形状对应一致做成椭圆、长方或外圆内方的形状。

我们看到有些高仿厂家参照一些拍卖图谱中的老椅子家具图片将前踏板做出一个凹陷的圆弧，其实这根本没有必要。老家具踏板的凹陷是因为长期脚踩踏板磨损导致的，并不是老家具制作时的刻意造型。

椅子的前、中、后管脚枨为了避免纵横的榫眼开在椅腿的同一高度，影响腿足的结实，通常会将各枨上下错开，称为“赶枨”。前踏板位置最低，便于踏足。侧枨高于后枨的形式称为过桥式赶枨（图29），侧枨低于后枨而高于前踏板的形式称为“步步高”（图30），这两种做法都比较普遍，无所谓优劣。

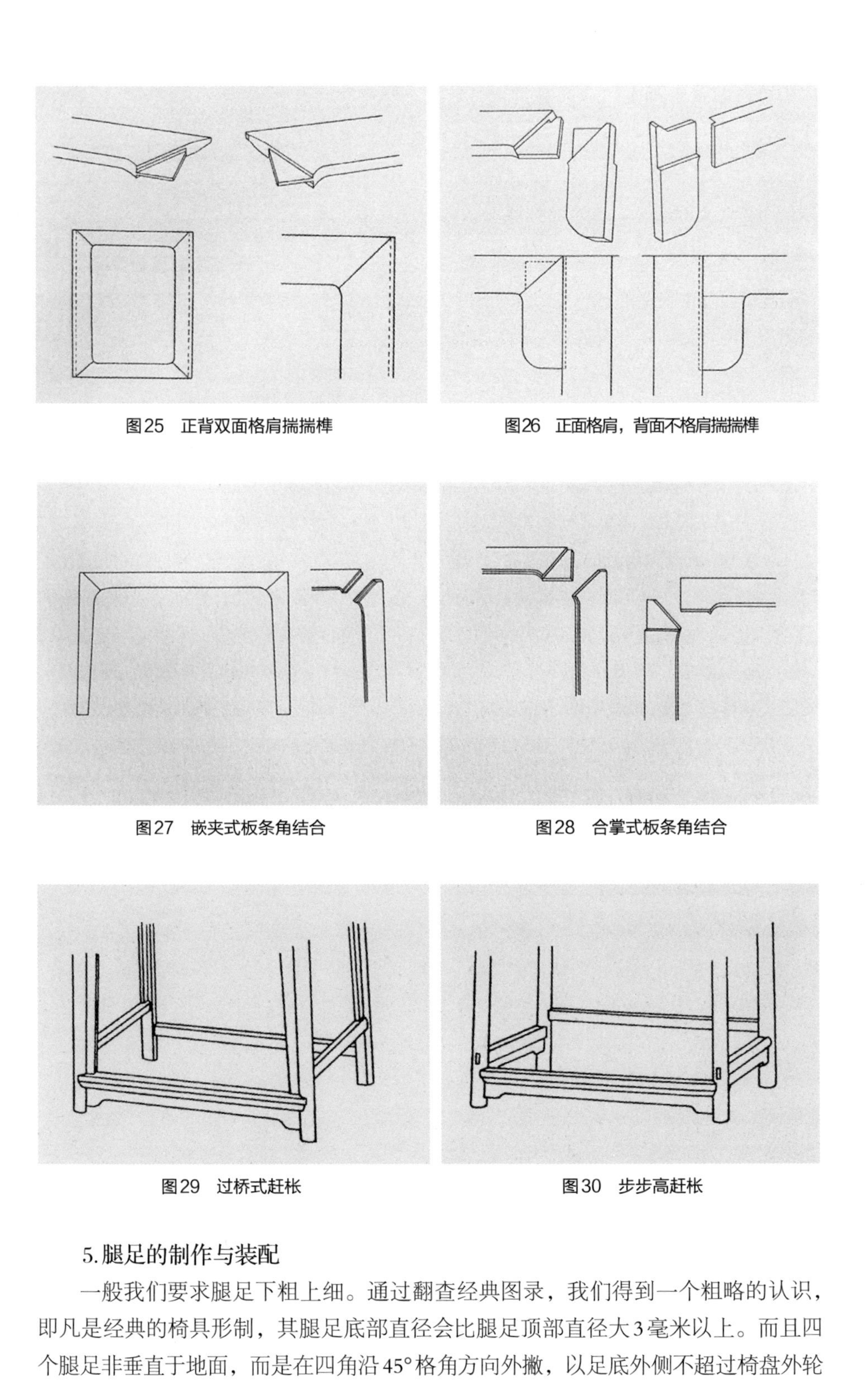

图25　正背双面格肩揣揣榫

图26　正面格肩，背面不格肩揣揣榫

图27　嵌夹式板条角结合

图28　合掌式板条角结合

图29　过桥式赶枨

图30　步步高赶枨

5. 腿足的制作与装配

一般我们要求腿足下粗上细。通过翻查经典图录，我们得到一个粗略的认识，即凡是经典的椅具形制，其腿足底部直径会比腿足顶部直径大3毫米以上。而且四个腿足非垂直于地面，而是在四角沿45°格角方向外撇，以足底外侧不超过椅盘外轮廓为宜。这种做法叫作“四腿八挓”，是公认地道的椅具腿足做法。

椅具腿足上细下粗且四腿八挓，从受力角度来说更加合理，器物稳定性更好；从视觉来说，跟靠背板上窄下宽一样，在视觉上能对自然视角下的上大下小的视觉感受进行一些视觉补偿，产生椅具结构归正扎实的感觉。笔者尝试后认为腿足上下直径差在6毫米甚至以上，最能体现这种视觉补偿带来的扎实感。

搜寻老货的过程中，我并没有收到圈椅椅具套系中存有配套（茶）几的案例，所以本文并不涉及椅具套系“几”的描述。套系几本身就是当今社会生活的衍生品，明式椅具最适合配搭的多是小平头案或者香几。明式家具其实非常适合灵活搭配相互组合。

圈椅作为明式家具坐具的代表器物，做出来容易，做好很难。难在比例、尺寸，难在火候。笔者在市场上经常能见到一些外观粗大或者局部臆造的圈椅，观之令人摇头叹息。一把好的圈椅，需要制作者对中国传统文化内涵深刻理解，需要对格物审美的细致揣摩，需要对人体工学的认真研究……其实这也是对明式家具制作人的普遍要求。

注：本文中所有线图均源自王世襄著《明式家具研究》，实物图由本文笔者提供。

论床中经典——鼓腿彭牙罗汉床

文/仁品堂（郭向阳）

罗汉床是明清家具中不可或缺的经典款式。罗汉床常用“鼓腿彭牙”制式。顾名思义，所谓“鼓腿”是指腿部形状向外凸出，形似“鼓”的侧弧线。“彭牙”则用来形容横跨连接双腿的牙板朝外膨出形状。这种夸张的腿部外膨内收形式，能将压力更均匀地分配到木结构的各部位，从而延长家具使用寿命。鼓腿榫卯结构在床腿部斜肩45°部位延长了构件之间的结合力，这种似“弓”的腿部的张力能够平均地分配承重力，使受力在向外扩散的同时，将承重力反向回至足部，分力于地面。

一、初识——罗汉床鼓腿彭牙的主要造型

三围板和屏风式样的罗汉床对于线条流畅度、榫卯和用料的选择都有严格的要求，相对于其他制式罗汉床而言要求更高。通过整理，下面从造型角度列举了十二款曲度不同的鼓腿形式，分成四类。

（1）腿部外侧竖直，内肩小弧度

此腿部和彭牙的榫卯结合相对完美，但是整体在视觉上会给人带来直愣呆板的感觉，比较中庸（图1），类似器物形制如图2、图3。

（2）腿部外侧平直，内肩大弧度

图4曲尺款珍藏于美国加州博物馆，雕花款原是圆明园之物。腿上粗下细，自然舒适，腿外侧小肩直下，在下部1/3处大弧度内收，腿内侧斜下内翻马蹄。因为这种彭牙的宽度限制制约了工艺的拓展，一般只能采用单榫结构来组合构件。如果采用了双榫结构进行组合的话，内挂的榫也不会与腿足咬合严密，图4中可以看出接合处的松动缝隙，类似器物形制如图5。

图1　罗汉床
（图片来源：*Classical Chinese Furniture-1*）

图2　罗汉床

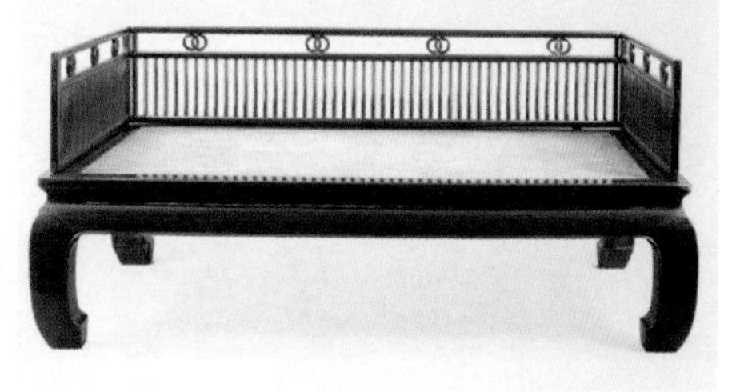

图3　罗汉床

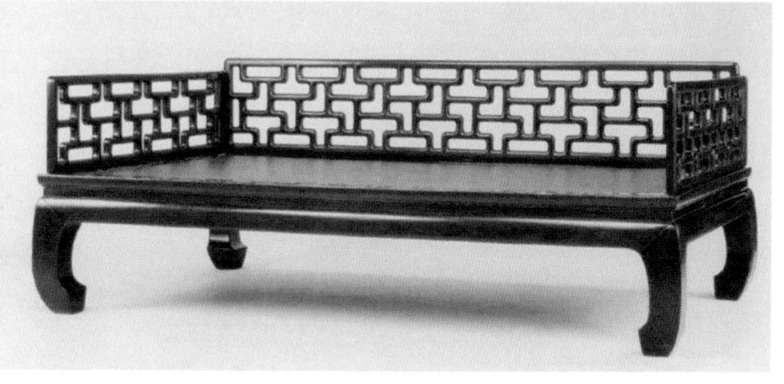

图4　罗汉床
（图片来源：王世襄《明式家具萃珍》）

图5　罗汉床
（图片来源：《CHRISTIE'S-2004》拍品图册）

（3）腿部外侧内肩均大弧度

图6床腿部内外侧均呈“C”形大圆弧，造型俊朗空灵。此造型可能会带来工艺上的问题，类似器物形制如图7、图8。

（4）腿部外侧大弧内肩夸张弧度

此类结构腿部粗绰，内肩肆意大幅兜转（图9）。此造型非常规，多用于大型规

图6　罗汉床
（图片来源：《洪氏所藏木器百图》下卷）

图7　罗汉床
（图片来源：王世襄《明式家具萃珍》）

图8　罗汉床
（图片来源：王世襄《明式家具萃珍》）

格，由于腿部体积硕大，便于安排榫卯结构，故有较好的榫卯结合牢固度。此床为明早期器物，至今未有任何问题，类似器物形制如图10。

笔者认为四类罗汉床床腿造型各具特色，也对腿肩处的榫卯结构安排有着不同影响。明清家具爱好者一般认为，明代家具的简约线条，成就了明式家具之美。而对家具制作者来说，更繁复的榫卯结合方式，更合理的力学分配，才保障了明式家具的曲线。出发点的不同导致不同的结果。一味地注重线条，就会误把明式线条往宋代家具上操作，而忘记了明代家具的初衷。明代家具其实是弥补了宋代家具榫卯结构的不足，延长了家具的使用寿命。

图9　罗汉床
（图片来源：《洪氏所藏木器百图》）

图10　罗汉床
（图片来源：艾克《中国花梨家具图考》）

二、探讨——鼓腿彭牙榫卯结构工艺

（一）罗汉床传统制作工艺

明式家具的榫卯结合方式直接关系到成品的品质。罗汉床下盘腿部和牙板的结合通常采用抱肩榫方式，可以合理分配床面的载荷。市面上经常看到的抱肩处床腿与牙板接合做法通常有下面几种：

1. 无挂销直插三角榫横装牙条

在腿肩部切出45°斜肩，并凿出三角形榫孔，彭牙下角出榫头并切45°斜肩，从右往左插入腿部榫孔，如图11。为避免牙板松懈退出，老家具会在榫卯连接部位的背光处用关门钉锁紧结构。

2. 栽销前后上牙条

腿肩部削出45°斜肩而不做插入的榫孔，彭牙也只做45°斜肩而不做榫头，在腿部斜肩的上部里侧凿孔栽入联结销，牙板里侧和斜肩结合面对应栽销位置也凿出暗榫孔，腿部和牙板相向合拍，依靠栽销和黏接胶紧密结合，如图12。

3. 无挂销斜肩开槽横装牙条

腿上部切出45°斜肩，斜肩的斜面上居中剔出少许榫槽，彭牙亦切出45°斜肩，在斜面上出榫舌，腿部斜肩和彭牙斜肩结合时，彭牙的榫舌正好插入腿部斜肩的榫槽。

这种做法中，牙板和床腿的榫卯结合是斜向传递载荷，牙条两端的45°肩会将床腿外推，存在较大的安全隐患（图13）。

4. 无榫无挂销斜肩胶粘装牙条

腿部切出45°斜肩，彭牙也切出45°斜肩，在斜肩位置利用黏合剂黏接腿部与彭牙。常见采用此法的古家具有在鼓腿和彭牙侧向结合面部位敲入关门钉锁紧。床腿上没有供牙条结合的榫眼，也没有挂销横向固定，床腿和牙子的结合只采用胶粘来实现，这是极其偷工的做法，但是这种制作方法如今竟然也很普遍（图14）。

笔者认为虽然以上四种接合方式均可见于古法制作的传统器物，不排除存在意图偷工偷料之嫌。换作当今，这四种制作方式，因工简而利厚。这四种方式均需辅助采用胶黏技术完成榫卯牢固结合。这类成品在发运时，除床围板拆解外，由于下半部整个床身构件相互黏接在一起无法拆分，整体尺寸较大，不能进入现代住宅的公众电梯间，需要依靠人工从楼道搬运。如果遇上客户居住环境的通道狭窄，就要在通道中左右摆移，甚至要利用吊车从阳台吊入，整个过程十分狼狈，运输成本也随之增加。基于为客户着想，可将交付客户的成品均做成活拆式以解决这个问题。

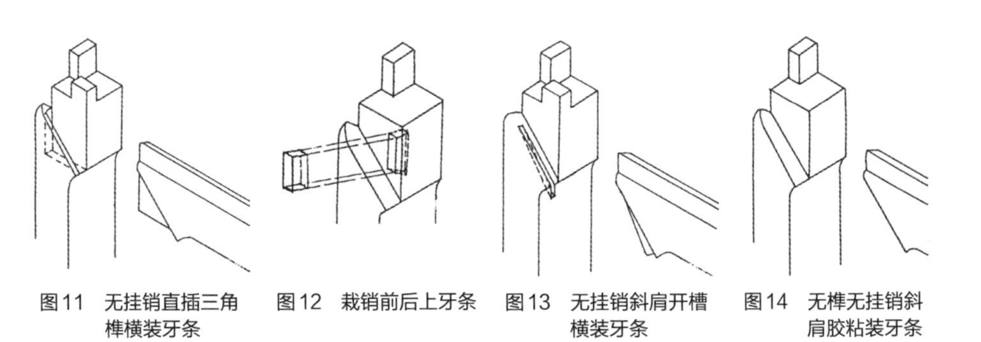

图11　无挂销直插三角榫横装牙条　图12　栽销前后上牙条　图13　无挂销斜肩开槽横装牙条　图14　无榫无挂销斜肩胶粘装牙条

（二）传统榫卯工艺存在的不足

在长期修复古家具的过程中发现，用上述四种工艺制作的床具，在长期使用和搬运中或多或少在腿牙内部榫卯结合部位发生损坏，导致其他榫卯结构也严重变形。我们在一些图录中根据腿牙结合缝的大小与修复胶痕也能发现这种情况的存在，如图15、图16。

图17中，从罗汉床底面可以明显观察到床体修复的补救措施。修复尽管采用了

图15　罗汉床鼓腿彭牙修复痕迹（图片来源：《CHRISTIE'S-2004》图集《田家青——盛世雅集》家具）

图16　罗汉床鼓腿彭牙修复痕迹（图片来源：《CHRISTIE'S-2004》图集《田家青——盛世雅集》家具）

图17　床腿和彭牙因开裂、变形导致修补加固（图片来源：《CHRISTIE'S-2004》图集《田家青——盛世雅集》家具）

铜条和木角加固床体，但是还是形成了床腿和彭牙的多处开裂、变形。

经分析研究，古旧家具的变形、损坏可以归纳为以下三种原因：

原因1：仅依靠束腰腰线和床面去约束腿牙结合榫卯，由于榫是在腿上部2/5处插入，腿和牙子连接后，彭牙以上腿部总长1/5处靠束腰约束腿部外挓和内收；同时，当床面扣压在鼓腿上后，能再次约束床体受力后的不稳定，但经过一段时间的使用后，这种结构会因为没有勾挂体掣肘而发生松动变形。

原因2：制作工具落后、精度不够。相对现代的量具而言，古代量具相对落后，精度不够，家具制作中累积误差较大。

原因3：制作思路保守。在技术条件足够的前提下，对存在缺陷的古法不做改进。

三、去糟留髓——罗汉床制作工艺的创新与改进

鉴于上述问题，如此古法的榫卯结构显然不能满足当今对古典家具制作质量的要求和使用的需求。如何能让罗汉床牢固可靠，还能适应当今的居住环境和搬运需求，成为笔者心中的一大问题。改进制作工艺就势在必行。笔者利用精确的测量工具、准确的计算，结合20年的从业经验，对古法榫卯结构进行改良，有效解决了罗汉床制作过程中存在的问题。主要工作有：①创新工艺，采用活拆、组装方式，有利于搬送运输；②改进工艺，采用销挂锁肩榫工艺替代有缺陷的传统榫卯结构。

王世襄《明式家具珍赏》中记载，有束腰家具经常使用的一种带“挂销”的抱肩榫，将腿部和牙板紧密锁紧，如图18。书中写道，“这种抱肩榫在明和清前期还有挂销，到了清中期挂销就省略不做了，到了清晚期，连牙条上的榫舌也不做了，只靠胶粘（图19）”。

在图18中可以看到，腿上部与牙板相连接的部位做出45°的斜肩，在斜肩内侧凿出三角形卯孔（虚线内部分）用以连接牙板的榫舌；在三角形卯孔中凿出上小下大的梯形挂销，最后在腿足上端做两个相互垂直、但不相连的榫头用以连接床面边框。而牙板内侧则开出一个上小下大的梯形榫槽，用以连接腿足上的挂销，外侧则削出三角形的榫头。

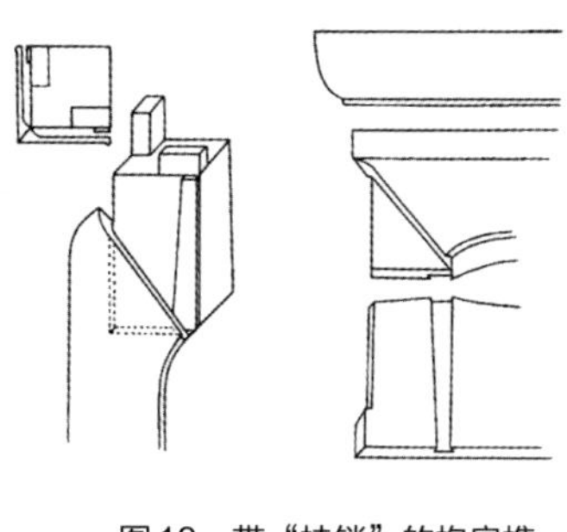

图18　带“挂销”的抱肩榫

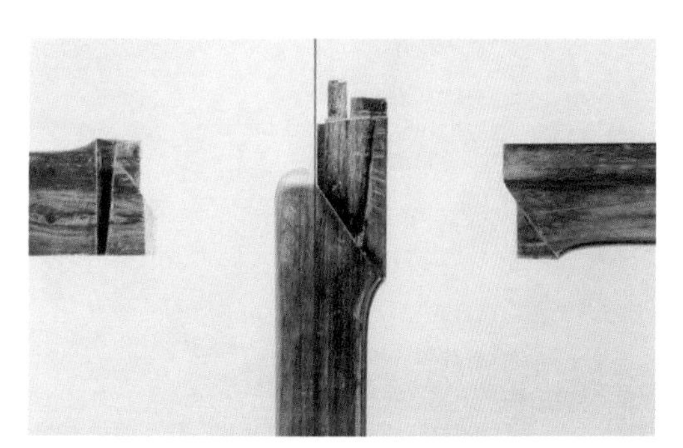

图19　带“挂销”的抱肩榫
（图片来源：《CLASSICAL CHINESE FURNITURE》）

这是一种从上往下安装腿牙结合的榫卯形式。腿部和牙条之间结合采用了“插”“销”“挂”，以增加彼此间的咬合力，并进行各向掣肘。当外界给的力量越大，内部的咬合力就越强。这种双榫结构方式要求原料厚重，利用腿料厚度见方的2/3做出来三层台阶状榫卯，腿料厚度见方的1/3做腿部弧线。如果原料不够规格的要求，就不能因为榫卯的结合而将用材逐步退让，否则就不能够得到“足榫”的牢固（图20、图21）。

图20 改进后的三层台阶状榫卯

图21 改进后的榫孔

如果要把这种抱肩榫结构应用到床体腿部制作上，使之锁牢稳固，首先要在抱肩榫结构上面，再增加一层靠束腰来约束鼓腿的挂榫，才能从腿上部中间的部分再次锁住腿。只有这种双层拉力，才能使得床体在重力下更加紧固。其次，必须将床腿和彭牙、束腰、床面之间的榫卯结合锁紧后，也才能达到在不使用黏合剂的情况下，保持床体榫卯结构的牢固和稳定。

在一条腿上使用三层构件锁住腿的方法（鼓腿、彭牙、束腰、床面），即在腿长2/5的有限空间里，在左右两个方向、从上至下制作三层榫，每层榫都约束床体下部的每层构件。也就是说，每个方向造出四个不同功能的榫卯，才能起到“插”“销”“勾”“挂”的结构来锁死构件，如图20、图21。

据此思路，经过多次实践，将鼓腿和彭牙榫卯结合做了如下具体改进：

（1）先将鼓腿切出45°斜肩，鼓腿45°斜肩处凿出彭牙插入的榫孔，鼓腿里侧的边缘，从上至下凿出挂销榫头。

（2）彭牙正面切出45°斜肩并留出插入腿部的榫舌。举例来说，罗汉床的彭牙，常规采用2.2厘米厚度的毛料制作，在这2.2厘米的厚度上，利用1.4厘米左右的厚度挖出外膨的弧度，剩余的部分做一个插榫，就达到了组合的目的。因为主要靠胶粘技术完成结合，不需要更多的结构参与。这种情况下，毛料开单榫，并最终进行组装，客户使用时就极其容易发生脱榫现象。如果利用0.8厘米（1.4～2.2厘米）的侧厚，在彭牙两侧各开榫卯；每侧榫卯为0.4厘米（0.8厘米/2）的厚度，开好的这些榫卯因过于薄弱，在管控榫卯结构承载配合时，就极容易发生断裂。

而精心制作的彭牙则需要截面4.4厘米见方以上的原料，用2厘米厚度的原料做外观弧度，剩余部分二等分，厚度两侧其中的一份做45°肩。原料中间的部分做从上往下安装的插榫，原料两侧其中的另一份做挂销。这也就是匠作俗称的“足榫”（图22、图23）。

（3）在彭牙反面榫头上，凿出与鼓腿里侧边缘榫头结合的挂销榫槽，原料两侧其中的另一份做挂销。

（4）在榫表面凿出搓板棱，防止多次拆装对榫卯咬合牢度的破坏。

当实施多次重复拆解组装时，由于摩擦会使榫卯部位的木质纤维毛茬变得光滑，从而使各榫卯结构间的构件产生松动而不稳定，最终会导致床体上部的家具结构变形。

从房屋装修时膨胀管钉入墙体原理得到了灵感：膨胀管管身表面有高低不平的棱，当管与墙之间压力加强时，由于这些棱的存在，膨胀管很难被拔出。仿照此原理，我们在榫卯结合面上凿出一些棱（搓板棱），防止多次拆装影响榫卯咬合的牢度，既要防止榫卯松垮，又不能因为榫卯胀坏，如图24。

鼓腿和彭牙的榫卯结合，利用了“插”“销”“勾”“挂”四种工艺。一方面增加了腿部和彭牙的咬合力，外界压力越大，内部咬合的力量越强，越牢固；另一方面，由于不使用任何黏合剂，便于拆解和组装。这种可重复拆装的榫卯相比于使用黏合剂黏接的结构更牢固耐用（图25）。

图22　改进后的牙板榫头正面

图23　改进后的牙板榫头反面

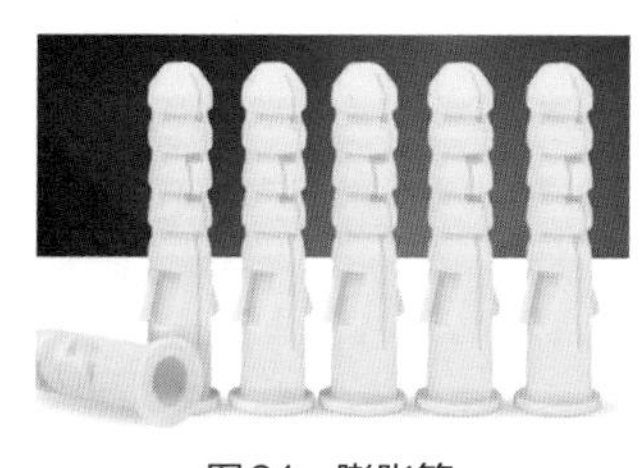

图24　膨胀管

图25　罗汉床腿牙结合整体

此次工艺改进，既保证了家具外观美感，又提升了使用寿命，同时便于运输、搬运。笔者把这种榫卯结构命名为“仁式鼓腿彭牙锁肩法”。

“仁式鼓腿彭牙锁肩法”仍存在的几点不足：

（1）所需制作材料比常规款加大1/3。鼓腿既要挖出外凸里凹的曲线，又要留出鼓腿“插”“销”“勾”“挂”所需的充足制作空间，因此，需要在古法工艺的鼓腿用料方案上，增加1/3的用料厚度。

（2）制作工时延长2~3倍。在常规基础上增加了榫卯结构，需要精确计算，同时更需要经验丰富的工种配合完成。

（3）对木工制作精度要求较高。构件间要掌握到0.2毫米内的误差，需经多次拆装试配才可达标。

（4）对木材干燥程度要求较高，干燥周期延长。由于不采用黏合剂组合构件，木材干燥后的涨缩量就需要严格控制在合理范围内。而如果靠常规木材烘干技术，木材涨缩难以达标，需要结合自然干燥法才能完成。干燥周期因料的厚薄不同，原料品种不同，至少需要三五年时间以上，最终要以木性达标为准。

笔者认为理解明式家具的优劣，不是简单依靠外在的感观。这件家具仿得如何形似，如何空灵，这是一些商业导向的操作。明式家具代表着传统文化的一份坚守和踏实，朴实无华的简约线条下，依靠着坚实的构件支撑。懂得此道的行家里手，多采用实物触摸，感受这些线条下暗藏的玄机。

使用“仁式鼓腿彭牙锁肩法”工艺几年来，工匠共制作了上百张罗汉床，已经广泛使用在我国北方、南方各地区，其益处已经被广大客户接受和认可。

四、罗汉床三围独板结合榫卯工艺探讨

1.利用走马销防止床体大边变形

关于三围独板罗汉床的围板。很多朋友认为床围板仅是实现倚靠扶的功能，其实不然。这三块围板间组合最大的功能之一是用走马销把它与床体咬合得更加紧密，增强了整体刚度，从而避免发生床体塌腰变形。图26为罗汉床围板多处采用的走马销形式的榫卯结构。

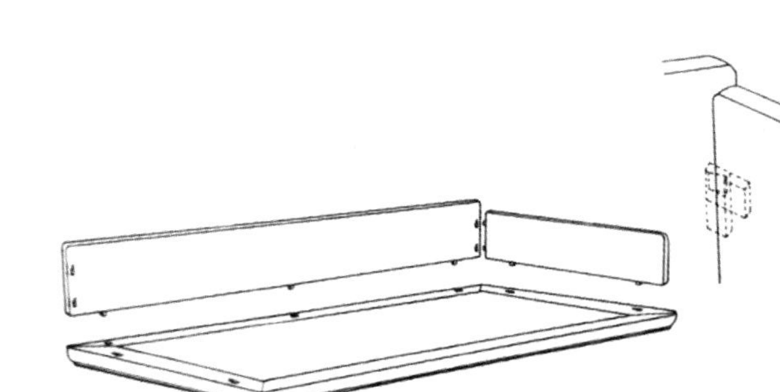

图26 罗汉床围板采用的走马销形式的榫卯结构

围板底部通过走马销紧密咬合床面大边，防止大边中间部位因为长期的承重而凹陷。底部彭牙的支撑加上上部围板的咬合，会促使构件之间的相互作用力分配均匀。这也要求围板的厚度必须达标，合理的厚度才有足够的强度均匀分担载重。笔者见部分罗汉床因为围板单薄而在使用时发生了床面边框凹塌的现象，这些问题的发生多由于用料不足和榫卯质量差导致。另外，罗汉床的后围板在使用中，发生脱榫的现象也比较普遍，以致使用者会在后围板和墙体之间的空档里，垫上支撑物体，防止后围板脱离。

2. 罗汉床侧围板栽榫工艺

罗汉床侧围板之间的结合应采用栽销方法，也就是说，原本围板末端没有榫头，匠工制作一个走马销榫头粘到围板末端的榫孔里。优良的现代工艺也沿用此法，也是公认最好的方法，如图27。

缺点：脱榫。围板在实际使用环境中，因环境湿度的变化，围板和栽榫的抽涨不一，造成栽榫脱落。后围板的上端就会和侧围板产生缝隙，这也是罗汉床围板结合存在的最普遍现象。

工艺改良——走马销一木挖：笔者在想，木材横竖材的不同的抽涨特性导致抽涨不同，是不是可以从木材自身的抽涨特性得到答案？在同一块侧围板上挖出来走马销，而不是单独做走马销再粘到侧围板上。这样得到的侧围板，就是一块抽涨率相同的侧围板。于是，有了下面的侧围板后端无抹头，而榫头不栽榫，直接从侧围板末端挖出来（图27、图28）。

图27　一体的走马销　　图28　围板的抹头
（图片来源：洪建生《洪氏所藏木器百图》）

3. 罗汉床围板抹头工艺

传统罗汉床侧围板两端，一直沿用抹头上下45°肩和围板结合。围板在干燥的环境会缩，而抹头与床边接触的肩端侧不会产生涨缩，抹头不和围板同向抽涨，会将围板销入床边的走马销脱位，像笔者这样一木挖榫的方法，必然会造成走马销把床边榫孔拽坏。

古法工艺——侧围板后端上抹头：经常出现在明清两代老家具里，因为侧围板的横宽达不到使用的长度，而依靠抹头延长横宽方向的长度，这样就能将使用不了的原料得到充分的利用。

缺点：涨缩离位。正常装配后，围板纹理为横向，抹头纹理为竖向。木料径向的抽涨系数比轴向要大很多，故装配后，围板在竖向缩涨较大，因挤压会导致抹头离位。这样也会导致后背板和侧围板发生脱离的现象。

工艺改进：抹头一端出45°肩，另一端做成平直齐口。抹头和床围板采用活拆工艺，不依靠胶水黏合。当围板发生涨的情况，围板会带着抹头离开床面，从委角那里稍加压力，抹头就会重新和床面密切结合。而当围板发生缩的情况，抹头的上端会从委角的地方挤出，抹头的平直底部依然和床面紧密结合（图29）。

图30是一张交付客户的成品罗汉床。

图29　委角造型的围板与抹头结合

图30　发运前罗汉床拆卸组件

乘物游心——明式书房套装“如意斋”

文/茅台酒

某日，计划做一个明式书房不同材质色调的家具搭配效果。

选择较常见的明式款型，再加以一点儿个人演绎……

所有物件造型结构上均有相似性，足以获得配套一致视觉和谐的可能。

局部都采用了基本相似的如意云纹造型，互为呼应。

分别用白木、楠木、大漆、花梨和酸枝五个不同的材质色调，体现五种不同的视觉效果和心理倾向。没有选择黄花梨和紫檀，是因为两者都已经是曲高和寡，不具应用的普遍性，故作罢。

为讨一个好彩头，故名“如意斋”。

白木预想图：

（1）基本结构材质选择洋槐。

（2）局部暗红材质选用香椿。

白木色调基本给人一种无欲无求的淡泊感。

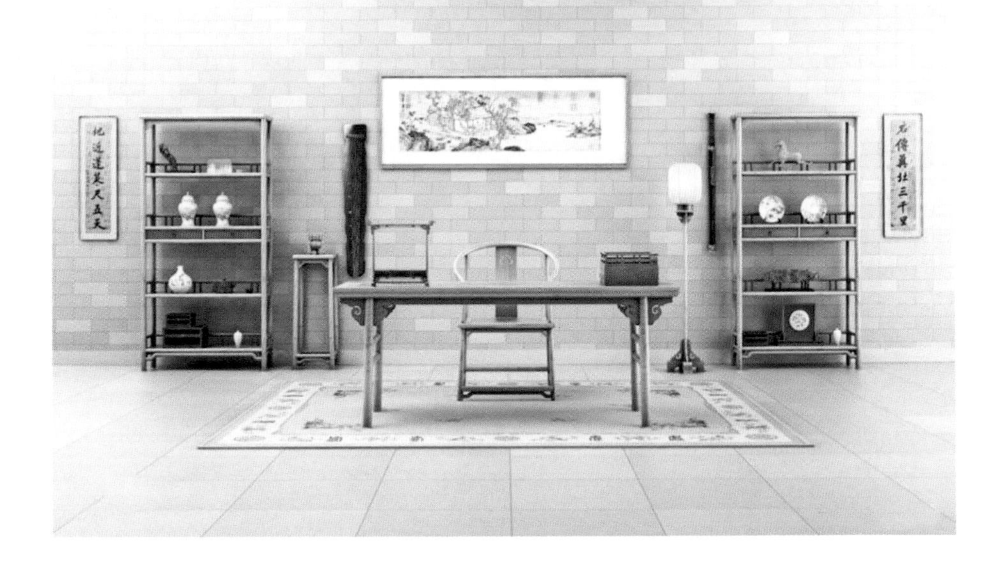

楠木预想图：

（1）整体材质选择金丝楠木。

（2）楠木用于书房制作器应当算是较为合适的选择。

楠木色调轻灵明快，适合年轻人。

大漆预想图：

（1）整体材质选择梓木或洋槐。

（2）外观采用黑色+红色的汉风传统，运用纯粹大漆髹饰工艺。

色调厚重，黑红重色的选择是否适宜清雅的书房，见仁见智。

花梨预想图：

（1）整体材质选择草花梨或白酸枝。

（2）花梨的色调纹理用于书房制作器也算较为合适的选择。

整体感受从容典雅。若能做得有味道，可增添一些非洲黄花梨。

酸枝预想图：

（1）整体材质选择红酸枝（不一定要交趾黄檀）。

（2）酸枝是属于偏红褐色的色调，给人雍容华贵之感。

从仿矮南官帽椅谈高仿之道

文/大本

模仿是学习的重要途径。近些年，随着互联网的普及和信息的传播，越来越多的家具厂企业通过多渠道学习和了解各种经典款式的古典家具器型，纷纷走上高仿之路。高仿，体现在一个“高”字，也就是要求与原款在结构尺寸上的高度一致，体现出原汁原味。可是在只有一张照片的情况下，如何做到与原作高度一致，说起来容易，其实很难。

这取决于以下几点：

1.原款照片的分辨率精度和完整性能否达到分辨器物各个部件的程度

目前企业能拿到的照片基本上都是来自各个古典家具专家的著作和图录、家具拍卖会的画册。其中的图片一般存在这几个问题：一是缺少正视、侧视、顶视和透视多个角度的完整视图照片；二是缺少细部特写照片。大多数时候只能看到一个透视图。仿制者要通过这个透视图还原家具三维的各个部件尺寸，很多时候只能靠估算；三是照片分辨率及精度太低，影响对结构尺寸的判断和测量。

2.仿制者对照片读解缺少专业能力

对家具透视图的读解和尺寸还原需要仿制者具备一定的工具和技能。透视图强调近大远小，高度变化明显，同一高度在近处高，远处低，透视比较真实，贴近实际，但是透视图的度量性是很差的。透视图要还原为生产能使用的三视图，需要一定的专业技能。

3.仿制者的文化素质、专业知识和审美水平限制

在原款照片不清晰不能传递准确的参数信息时，就需要仿制者借助自己的文化素质、专业知识甚至是审美能力去进行补全。这方面，不同仿制者背景不同，水平不同，还原出来的器物尺寸也不一致。

4.仿制者读图的认真程度

很多仿制者在仿制过程中，没有认真读图，常常忽略很多细节，仍然按照习惯做法去做，问题一多，味道就全变了。所谓高仿，其核心就是细节，读图就是琢磨细节。做好了细节，才能够与原物一致，高仿的目标才可以达到。

我们从王世襄《明式家具珍赏》中的矮南官帽椅的仿制案例来说说在仿制中的一些情况。这件矮南官帽椅造型比较特殊，座面比较矮。由图1可以看出，由于拍摄者正常站位高度导致照片中的器物呈现俯视的三点透视的关系，表现出上大下小。由于本器物在原来书中已经提供了最大尺寸，所以仿制者在大的尺寸上基本不会出现问题，但是各个构件的尺寸就必须进行逐个测量了。

图1　清华大学美术学院矮南官帽椅
（座面长71厘米，宽58厘米，坐高31.5厘米，通高77厘米）

我们选取了某商家的矮南官帽椅的仿制器进行解读，如图2。

从这件仿制器的透视照片看，整体感觉不错，基本达到了原款的尺寸。不过从高仿器的要求，就要进行细节评估了。

撇开尺寸因素，我们看到四腿已经有撇腿挓度了，可见仿制者在这点上的基本意识还是有的。不过随机我们发现了一个大问题，就是椅盘的下半部的四腿是方腿，这点与原款大相径庭，这属于重大失误。

对照原款，我们还发现，原款的券口牙子用的全板铲坡工艺，仿制器用的是局部铲坡工艺，而且过度生硬（图3–A）。脚踏托牙阳线原款用的是面条线（图6），仿制器用的是灯草线（图3–B）。脚踏的侧面线脚原款为两段过渡（图6），而仿制器为一个大斜面（图3–C），过于尖锐。

图2　矮南官帽椅仿制器

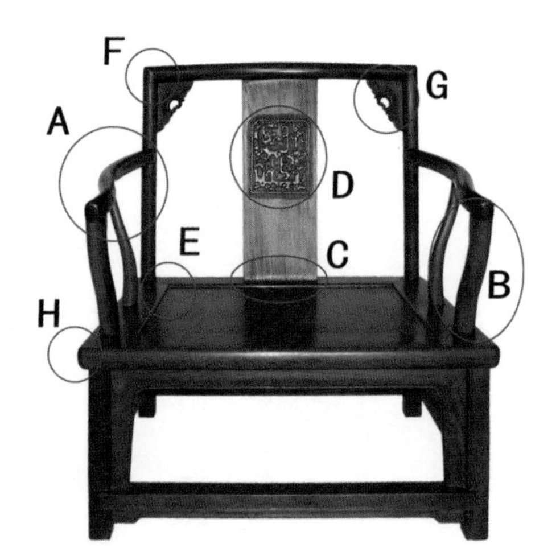

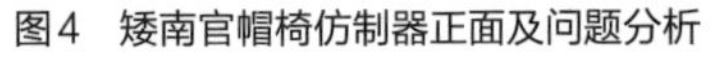

图4　矮南官帽椅仿制器正面及问题分析

图3　矮南官帽椅仿制器正面（下部）及问题分析

图5　搭脑转角

图6　脚踏及托牙

再看椅盘上半部分，发现如下问题：

（1）原款扶手的直径在鹅脖位置是最小的，越靠椅背越粗；鹅脖靠近扶手位置的直径最小，越靠近椅面越大。但是在仿制器上，扶手和鹅脖的直径变化几乎没有（图4–A、B），整器顿时显得比较沉闷，缺乏变化，不够生动。

（2）原款的靠背板上窄下宽，相差近2厘米，仿制器中是上下等宽（图4–C）。

（3）原器书中描述已经明确了靠背板的龙纹雕刻是在整板铲地开光基础上雕刻（图1），而仿制器上是做的铲斜坡开光雕刻（图4–D）。

（4）椅面边框内侧压边圆弧过渡过于突兀，不够渐进圆滑（图4–E），应能呈现与原款软屉压边一样的渐进过渡的效果。

（5）搭脑与后腿结合的转角有45°的结合棱，这在挖烟锅榫结构上是不可以出现的。挖烟锅榫外观必须圆润（图4–F）。

（6）搭脑与后腿结合处的角牙比原款大太多（图4–G）。

（7）椅盘面框的侧面应为指甲圆混面，仿制器出现了平面加上下倒边的造型（图4–H）。

由上可见，高仿过程中，细节极为重要，只有充分对原器型的每个细节进行观察和揣摩，才能深入掌握原器的精髓。

图7是一个做得比较好的高仿作品。座面采用编藤软屉，搭脑、椅腿、扶手、鹅脖、联帮棍各个构件粗细过渡自然，各处细节也充分考虑。器物整体还原较为到位。

图7　矮南官帽椅高仿器

从高仿到改良，从哲学上说是从必然向自由的过渡，也是对艺术的自我否定与提升。古典家具从高仿到改良是对经典的传承和创新转化。

仿制富贵凳

文/茅台酒

富贵凳是麒麟网上的名凳，销售量数千计。它本来是王世襄《明式家具珍赏》书中的一个不起眼的小方凳，却引得众多木友青睐，并赢得专属名字“富贵凳”，由此流传业界，成为佳话。

富贵凳妙在形态憨厚可掬，拙小而匀称，多一分则肥，少一分则瘦。所谓分寸火候刚好，由此仿制者众。

坊间见过很多此款富贵凳，然而形态各异，很多甚至毫无拙意憨态。

为了方便业者更好地仿制此凳，我把我的仿制过程写出来给大家参考，同时附上简单图纸。

顺便说一下笔者对“原款仿制”的态度。笔者认为，仿制追求无限接近原型，似乎显得保守。然一再的仿制恰恰又最能让人走出仿制。仿制本身就是走出仿制的阶梯。它是传承的基础，是创新的前奏。没有经过仿制的创新和没有经过历练的传承一样，大都是无本之木、无源之水，总会得型失神甚而形神皆无。

仿制富贵凳，得先从王世襄的书上扫描原型图片（图1），适度放大，然后在电脑上用3D虚拟仿制绘出数字图像（图2），再将3D图像各个角度与原型进行比较，对不足之处进行修正，最后导出2D图纸，进行实际生产。有几个关键点，要把握住：（1）“圆润”是富贵凳整体造型的精髓。凳子面边的线脚为指甲圆混面，四个格肩圆弧过渡。牙板边角、底面穿带边角均要倒棱。四足足底圆周倒圆。注意控制各处过渡圆角半径。（2）四腿外挓，注意控制斜度。（3）四个管脚枨截面为竖椭圆。（4）四脚底面削平与地面贴合。

图1　在书上扫描下来的原型图片

图2　用3D虚拟仿制绘出的数字图像

笔者让一个当地木工师傅用杂木打制了实物。这是他打制出的第一件富贵凳。工匠从未碰过红木，不知王世襄为何许人，他甚至都未曾见过原型图片。最后做出来的成品还比较满意，如图3。

该实物打制使用了如图4的简单图纸，供大家参考。

图3　新仿富贵凳实物

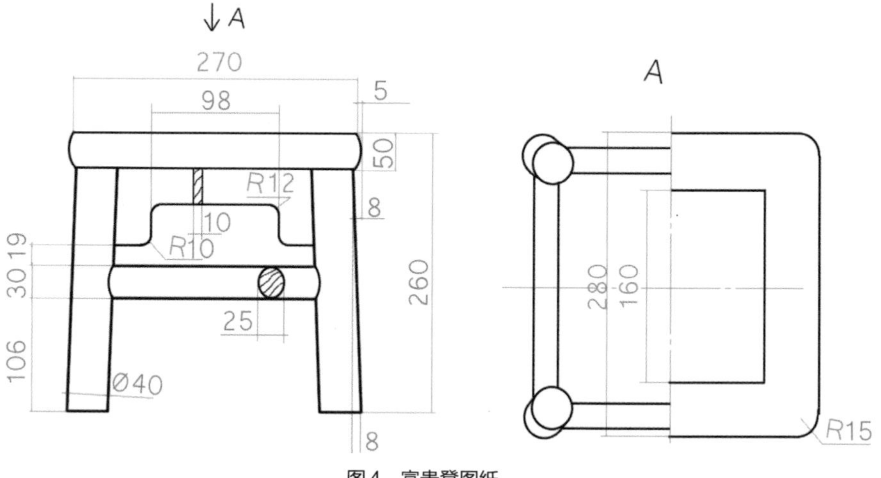

图4　富贵凳图纸

麒 / 麟 / 论 / 坛 / 菁 / 华 / 集

古典家具

工艺篇 第2篇

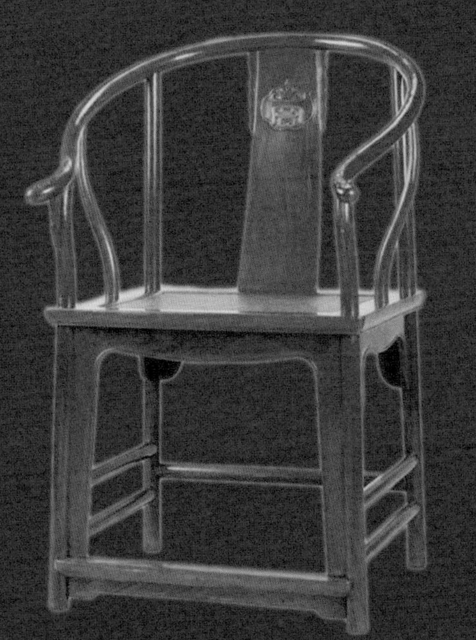

卷云纹三弯腿矮几剖析与改进

文/仁品堂

旧时遗物中，矮几的款式不多，大多数矮几的使用功能都是为了陈置雅器而造。

以下介绍的是一款使用功能丰富的矮几——卷云纹三弯腿矮几。此几可以放于大办公展台一侧，也可放于茶台之上，搁置茶水果品，友人相聚，增添雅趣。

此款卷云纹三弯腿矮几来自一件历史遗存物。长54厘米，宽35.8厘米，高11.5厘米，如图1～图5。

我们将这件老矮几做了拆解以后，发现了它存在着诸多制作工艺上的不足。

下面先分解一根矮腿结构，如图6。

从图6可以看出，其腿与面框结合部采用格肩单榫工艺，攒心板的大边从上面下压入腿上部榫头，只要外观格肩齐整，就会觉得干净利落。不过，这种榫卯结构

图1　卷云纹三弯腿矮几

图2　卷云纹三弯腿矮几正面

图3　卷云纹三弯腿矮几侧面

图4　卷云纹三弯腿矮几桌面

图5　卷云纹三弯腿矮几底面

图6　矮腿与面框的榫接结构

存在问题，榫和卯不是各向固定的连接，面承的压力越大时，面框就会沿着斜肩移动，结构就会松散。匠人也了解这种工艺的不牢固，所以面框和腿部结合后，就用软木三角从底部直接以胶水粘住腿的里侧和面框两边，如图7。

其实我们也知道当今市场，很多款式的家具都采用这种做工，问题尤其突出表现在柜具和床具上。虽然这两类重型家具不该如此粗制滥造，但作为外行又该如何分辨呢？为此，笔者采用柜具常用的粽角榫工艺将此结构重新调整。

粽角榫多使用在方角柜家具中，一般为双榫咬合，一明一暗。但是明榫如果使用在文房家具或者小型家具上，视觉上看就不够美观。为此，笔者在不影响结构受力的情况下，改变了榫的布局，使用了全暗榫，以达到视觉效果上的完美，如图9、图10。

采用了上述全暗式粽角榫方案，其结构的牢固度就加强了很多，不再使用软木三角加强支撑进行加固，我们再重新对比一下老货和新货底部结构的不同，如图7、图8。

对比图7、图8可以明显看出，老款卷云纹三弯腿矮几底部的脚部和边框内侧有明显的榫孔结合痕迹，而新设计榫部方案不存在任何工艺上的视觉瑕疵。

原物管脚枨部分有些类似于托泥管脚方案，而原物的管脚枨在制作工艺上形同虚设，简单到只开了格肩视觉面，而并没有榫枨结合，是一种纯属为了视觉而敷衍的做法（图11、图12）。其实，管脚枨的存在对于家具的牢固起到了重要的作用。管脚枨能将面承的载荷均匀地分配到脚部，同时又能加固腿部支撑。为此，笔者对这件作品的管脚枨连接方案进行了重新构思，意在使得成器能够禁得起时间的检验。

图7　老器物（底部用三角木块粘住面框加强）

图8　改进后新仿器底部

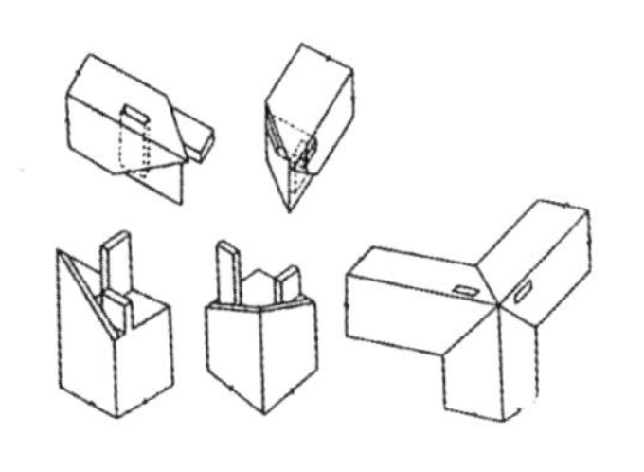
图9　粽角榫示意图

图10　粽角榫双暗榫结构

新成器半成品格肩榫方案如图13、图14。实物图片顶部可见格肩和榫孔。

调整后的成器管脚枨效果如图15。整体成器及各视图如图16～图19。

本矮几的优化和仿制过程，再一次说明了一个道理：并不是老货就是好物。也许在成器年代，因为制作工匠的经验不足，或者粗制滥造，导致一些金玉其外、败絮其中的现象产生。这件矮几在外观器型和用材上绝不是低俗之器，而内在的榫卯结合这些工艺方面却是敷衍了事，令人不由扼腕叹息。为此笔者也感慨一些固执的同行经常说的那句话“老的就这样做”。因为对老器的盲目崇拜而不思进取，回避客观质量问题，极不可取。先人们留下这些文化遗产有精华也有糟粕，我们要主动进行思辨和扬弃，这才是文化继承的精髓所在。

图11　腿部管脚位置

图12　原物罗锅枨

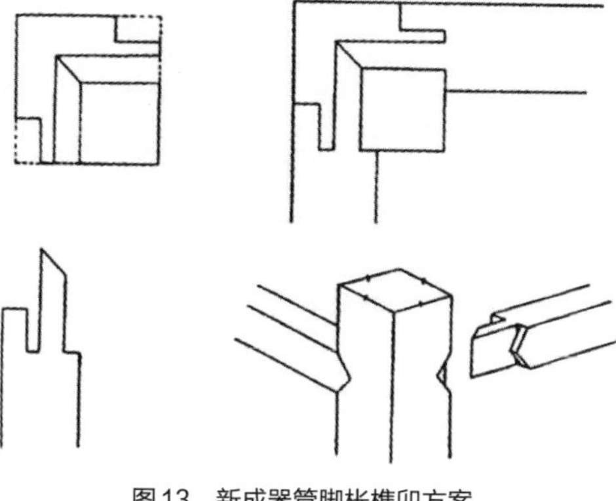

图13　新成器管脚枨榫卯方案

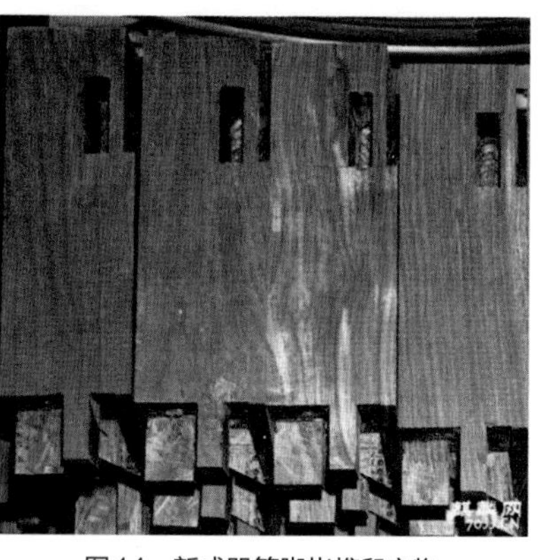

图14　新成器管脚枨榫卯实物

图15　新成器管脚枨效果

图16　新成器整体

图17　新成器整体

图18　新成器矮几桌面

图19　新成器矮几桌面底部

热河工“卍”字锦地拼面画桌赏析

文/大本（张超）

热河桌工艺，是一种高超的镶嵌技术，是用小木条手工拼合，嵌成“卍”（音同“万”）字纹做表面装饰实木家具的制作工艺（图1）。

图1 观复博物馆渠清书屋中的紫檀拼面“卍”字纹画桌
（图片来源：网络）

热河桌起源于清朝雍正初年。雍正因笃信佛教而在圆明园内亲自设计了后来被称为“万方安和”的“卍”字造型的万字殿。由于修殿时大批名贵木材下脚料被扔掉，雍正觉得可惜，就命令工匠想办法充分利用这些废料。当时，内务府造办处工匠们反复研究，发明了用下脚料做成窄小木块、镶嵌出寓意祥和的“卍”字图案的工艺，这种工艺的制品拥有精美绝伦的饰面纹路，令雍正龙颜大悦。后来，工匠们因参与承德避暑山庄的修建，将这门手艺带到了当时的热河，并传播开来，后称热河桌工艺。

收藏界最出名的热河桌代表当属故宫的“卍”字锦地拼面画桌（图2、图3）。这个画桌在一些典籍图录中有所记载，而流出故宫的只有一件，现存于北京观复博物馆的渠清书屋中（图4）。整个桌面用了大约五千块紫檀和瘿木小木拼成，以“卍”字锦寓意幸福延绵不断。每个部件都以榫卯相接，而不是随意粘贴了事。清雍正造办处文档有记载，造办处曾打报告请示皇上，说此工艺太耗时费工。雍正帝听闻后朱笔御批：再做几件，余下就不要再做了。所以，雍正之后不再制作此类家具。

观此画桌，尺寸长方，有束腰，四脚内翻回纹马蹄，四腿及牙子内侧起阳线，牙子下做托牙板，牙板厚近一寸。厚牙板可以起着加固桌腿的作用。牙板在桌边中部位置约一尺长部分加宽成洼堂肚变形，牙板沿腿下挂约一尺牙头，牙头端部起简洁云纹轮廓。牙板内侧再起阳线。牙板上这种简单的云纹也是这款画桌区别于很多长方桌（采用直牙板）的显著特征。

图2 故宫紫檀拼面“卍”字锦地纹画桌 清 雍正
（长160.3厘米，宽54厘米，高85厘米）

图3 紫檀拼面“卍”字锦地纹画桌顶部

图4　观复博物馆中的紫檀拼面“卍”字锦地纹画桌
（图片来源：网络）

“热河桌加工从原料到后期成品，需要经历数十道工序，主要包括烤、攒、占、算、嵌、磨、合等。其中，最关键的就是计算，算好木块的数量、力道、图案规律才可以顺利制作。”现代工匠继承了热河工工艺，并研究出单连环“卍”字、九空“卍”字、莲花山、长城线、太极图、吉寿图等多种图案。2009年，热河桌工艺被列入内蒙古非物质文化遗产保护项目。

以下以一款博艺馆藏制作的“卍”字锦地纹画桌为例进行介绍（图5~图8）。

该画桌主材选用了花枝（巴里黄檀），“卍”字纹拼面用的是花枝和大叶紫檀，颜色一浅一深，泾渭分明。器型上依然采用了经典款式，束腰、四脚内翻回纹马蹄、洼堂肚造型厚托牙板、云纹牙头等特征一应俱全。然而这款画桌与故宫款画桌相比，风格乍看明显不同。一眼看去，这款画桌比原款显得“瘦”。仔细观摩，可以看出新款画桌的桌面面框厚度、牙子宽度、腿宽度、托牙板的宽度等尺寸均相对于原款做了缩小，而牙头云纹的曲度则比原款大。相比之下，原款显得厚重有力，新款则纤巧俊朗；原款体现出浓郁的京味，新款则洋溢着典型的苏风。家具制作者正是巧妙地利用改变材径比来达到家具风格的转变。

特别要讲到，“卍”字纹锦地画桌的拼面在业界有两种做法。以前大都在拼面心板下直接做穿带（图9），现在也有看到在拼面心板下面再增设一块支撑心板。对此，博艺馆藏总经理李学伟说：“以前我在拼面心板下不加支撑板，当时有点炫耀的感觉，随着对热河工工艺的深入了解，后来我慢慢改变了想法。尽管拼画木条结合边有龙凤榫拼接，但是不加支撑板我总觉桌面不牢靠。我认为‘卍’字纹的榫卯结构只是小范围的约束力，并没有小部件和大榫卯的连接。这就为以后桌面拼面的松动乃至溃散留下了百分之百的可能”。所以现在李学伟设计制作的“卍”字纹锦地拼面画桌都装上了支撑板，而且在支撑板底部做了传统的披麻挂灰刷朱漆（图10），以保证

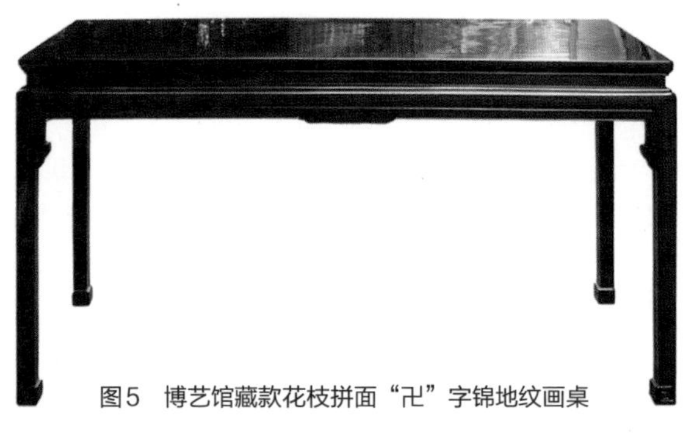

图5　博艺馆藏款花枝拼面“卍”字锦地纹画桌

图6　博艺馆藏款花枝拼面“卍”字锦地纹画桌

图7　博艺馆藏款花枝拼面“卍”字锦地纹画桌（局部）

图8　博艺馆藏款花枝拼面“卍”字锦地纹画桌（桌面）

图9　拼面心板下直接做穿带

图10　披麻挂灰刷朱漆

心板的长期稳定性。通过这样的工艺，一件家具才能成为一个宜藏宜赏宜用的珍品。这件家具工艺繁缛却地道，可红木家具玩家不就图得个地道和讲究吗？

学习传统而不拘泥于传统，是一个成熟的古典家具工艺师应有的态度，也是体现家具设计和制作者水平高低的重要判断依据。一个优秀的家具设计师就应该能因地制宜，因人而异，解放思想，追求艺术之美的不断发展与多元化。

博艺馆藏款的针对普通红木家具爱好者设计制作的花枝“卍”字纹锦地画桌选用了属于国标红木中的巴里黄檀（花枝）和卢氏黑黄檀（大叶紫檀），既避免了紫檀昂贵的价格，又保留了红木材质的纯粹，加上地道的热河工和苏作工艺的结合，使得它成为适合古典家具爱好者收藏的一件经典而实用的家具精品。该画桌适合作为书房书桌，也适合作为餐桌，与官帽椅搭配，非常适合（图11）。

图11　花枝“卍”字纹锦地画桌于书房效果图

红木过江考

文/小二（张斌）

笔者常年在北方做古典家具，时常有好友问家具到南方行不行。现代实木家具厂、木门厂认为此问题很容易解决，笔者做了2年试验，证明问题存在但可以解决。结合笔者自身经验并调研近十家红木家具作坊，得到如下结论：

（1）北方造的家具一般运到南方问题稍小，南方造的运到北方问题稍大一些。

（2）尽量不做要过长江的红木家具。

笔者还在大果紫檀画案上进行了针对木材在气候变化下的缩涨变化试验。其结果从科学论证的角度看可能不严谨，但是对红木玩家来说足够了，尤其对初学者选购南北制造的家具会有所帮助。

我们下面说说影响家具木材变形变化和开裂的各种因素。

为了便于大家理解，先说一些木材学的微观基础知识。

纤维饱和点：从微观上讲，木材如同一块蜂窝大小不等的蜂窝煤。蜂窝的孔里不管进入多少水（自由水），都不会影响木材的抽涨。只有蜂窝煤的煤里含水（结合水）会影响蜂窝煤的大小。当煤里的水达到最高，蜂窝里没有水的时候叫做纤维饱和点。生产上用30%作为计算用纤维饱和点。

木材的绝对含水率：一块木材所含的所有水分重量/干木材重量=木材的绝对含水率。一般从生产上来讲我们指的含水率都是指绝对含水率。

木材在不同状态下含水率不同，见表1。可见购买木材烤干后一吨剩半吨是经常发生的。

表1　不同状态的木材含水率

名称	木材状态	含水率
生材	新伐木材，含水率与树种、部位、采伐季节有关	80%～160%
湿材	长期浸泡在水中的木材	>160%
气干材	长期放置在大气中的木材	约15%
室干材	人工调节温湿度进行室内干燥的木材	4%～12%

木材在不同的温度和空气湿度下，其平衡含水率也不同，见图1。

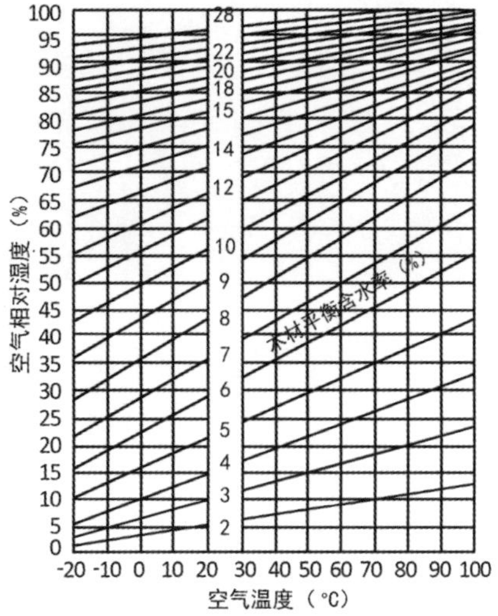

图1　不同空气温度和湿度情况下木材的平均含水率
（图片来源：《世界主要树种木材科学特性》）

影响木材变形和开裂最重要的两个因素：水分和内应力。从水分上说：

（1）红木不过江，这句话在特定条件下只算对了一部分。实际上，不同地域的气温和空气湿度不同，气干状态下木材含水率并不是随纬度南北变化而变化，而是整体上呈现从东南往西北梯度变化。例如，哈尔滨和昆明两个城市基本在一个梯度内，木制品的平衡含水率竟然是基本一样，均为13.5%左右，见表2。这个表可以用以指导家具制作企业控制木材烘干的含水率。

（2）老料不需要烤干，这也只适用于当地长期存放的老料，换环境从含水率来说，挪出平衡含水率相同地带，也会出问题。

表2　中国主要城市年平均温度、湿度和气干状态下木材含水率

城市	温度/℃	湿度/%	木材含水率/%	城市	温度/℃	湿度/%	木材含水率/%
济南	13.9	62	11.7	重庆	18.5	80	15.9
青岛	12.1	74	14.4	拉萨	7.8	42	8.6
杭州	16.2	81	16.5	贵阳	15.5	78	15.4
温州	17.9	83	17.3	昆明	15.3	71	13.5
福州	19.5	79	15.6	成都	16.7	80	16
上海	15.6	80	16	北京	11.6	60	11.4
南京	15.3	76	14.9	呼和浩特	6.2	52	11.2
徐州	13.9	72	13.9	天津	11.9	64	12.2
厦门	21	78	15.2	太原	9.1	61	11.7
九江	16.8	79	15.8	石家庄	13.3	58	11.8
苏州	15.6	80	16	南宁	21.8	79	15.4
合肥	15.3	75	14.8	桂林	19	75	14.4

（续）

城市	温度/℃	湿度/%	木材含水率/%	城市	温度/℃	湿度/%	木材含水率/%
哈尔滨	3.7	69	13.6	广州	22	78	15.1
长春	4.7	68	13.3	海口	17.3	80	17.3
沈阳	7.6	69	13.4	乌鲁木齐	5.2	62	12.1
大连	10.2	68	13	银川	8.4	61	11.8
郑州	14.5	66	12.4	西安	13.2	74	14.3
武汉	16.4	78	15.4	兰州	9.4	59	11.3
南昌	17.5	80	16	西宁	5.9	59	11.5
长沙	17.1	81	16.5	台北	22	80	16.4

华东地区	东北地区	华中地区	西南地区	华北地区	华南地区	西北地区	台湾地区

再说一下木材干缩湿涨系数（干缩系数k）对木材变形的影响。

干缩系数指木材每变动一个含水百分率的尺寸变动率，是对家具能否过江（跨越大范围湿度梯度）影响最大的物理特征之一。不同木材此系数可能不同。木材各方向收缩差异有几倍大小，我们常说的二标（膘）板材是收缩最大的切法，书上叫弦向，变动最大。表3为木材教科书关于大果紫檀木材物理力学性质的描述，其中就有干缩率的数值。

树种的物理参数区别很大，对树种的科学研究也印证了白酸枝家具比较难做，草花梨比较好做的业界说法，以及过江后有的木头变动大，有的木头变动小的常识，这些都表明，红木家具制作必须尊重科学。

下面再介绍一下测算大果紫檀桌子的抽涨缝宽度大小的实验。

实验对象是一张2011年做的大果紫檀的云纹画案。在做桌子的时候我们研究缝隙变化。桌子的内芯板宽度大概50厘米，就以它为例测算缝隙。

有个非常重要的前提，就是木料在符合生产需要的木质范围内，才能这么算，不烤干处理过的木料这么算就不准。

实木家具和实木地板的国家标准里规定，相对湿度40%和温度20℃是国家标准的计算下线（冬天暖气屋内）。我们根据前面图1得出木材平衡含水率约为7.7%，再查阅北京的最大气候湿度下木材平均含水率，如表4，采用8月份含水率峰值为15.6%。两者相减得出北京地区室内的木材含水率最大变动范围差为7.9%。

表3　木材平衡含水率北京城市各月份含水率表

月份	1	2	3	4	5	6	7	8	9	10	11	12	年平均
湿度/%	10.3	10.7	10.6	8.5	9.8	11.1	14.7	15.6	12.8	12.2	12	10.8	11.4

注：此表引自《世界主要树种木材科学特性》。

为了测算大果紫檀桌子心板收缩缝隙，大果紫檀的干缩系数暂取最大值，查阅得到弦向干缩系数k=0.17。

最大收缩缝=0.17×（15.6−7.7）%×500= 6.7（毫米）

也就是说，如果这块木板在理想的最大变动情况下(桌面无封闭，桌面为远离木心的弦切板)，在冬天地暖屋子内和夏天梅雨季节时，尺寸的变化范围为6.7毫米。

再考虑木材表面油漆封阻效应，大果紫檀云纹画案在冬天地暖屋子里三个月，木板做封闭，并在夏天做好通风的前提下，木材含水率会在7.7%～14.4%（14.4%为7、8、9三个月的平均值）变动。

收缩缝=0.17×（14.4−7.7）%×500= 5（毫米）

也就是说，如果这块木板在理想的最大变动情况下(桌面封闭，桌面为远离木心的弦切板)，室内从冬天地暖到夏天梅雨季节，尺寸的变化范围为5毫米。

以上两个数字，5毫米和6.7毫米，对应的是北京地暖屋一片500毫米宽度的大果紫檀弦切板封闭和不封闭尺寸变动的理论最大值。实际操作中，纯弦切板的可能性会打折扣。实际操作中的大果紫檀切片，达不到最大弦向收缩系数。制造过程中，经常会增加桌面心板两边舌簧入槽过盈配合，并加上生物的多样性原则，还需要外加实际测量。

实际测量观察了几十张此款桌子，含水率合格时满缝组装，两年后冬天地暖屋结束的时候，最终收缩缝围绕4毫米变动。（反向来说，制造时候心板在冬天地暖空间内存放两个月组装，留4毫米缝隙，并在夏天注意通风即可）

总结如下：

（1）做实木家具是工作做到暗处的，因为须在生产的时候，知道当时主伸缩部件的含水率，再根据需要适应的外界条件，界定伸缩的范围。这里有两个变量，即木材的当时含水率和空气的湿度范围，购买者基本无法检测和控制。如果这两条搞差，那么除了正常产生的缝隙外，会额外产生“错误缝隙”。

（2）红木家具的涨缩是正常的事，只要是木头就会有涨缩，这个幅度比家具理论初学者时期想的要大些。

（3）通过上漆封闭的办法，会延缓缩涨，但是也不会不缩涨。看博物馆家具就知道，我们现在做的家具若干年后也是这个样子。

（4）即便生产都符合了经验和科学数据，实木木材的不确定性依然存在，依然会有做一批几十件只有一两件出现问题的可能性。这些从经验和数据上都会反映出来。

最后补充说一下，材料表面处理中，漆和蜡对家具变形的不同影响。

木材的典型特征之一，是弹性和塑性共存，存在于木材整体和内部，也叫弹塑性。木材的水分变动过程中，内外水分差和弦径向收缩差都会产生内应力，导致木材弯曲干裂。

（1）漆和蜡的基础都是保护合理含水率下的结构设计。结构设计做不好，上漆上蜡在湿度大范围变化下都会出问题。漆和蜡的20年保护与2年保护相比较，其实趋于保护的作用差别会变小。

（2）漆，可以把有屋子里红木家具内部一年内6%～8%的水分变动，大概阻挡成4%的水分变动。漆对木材保护比蜡要好，有助于更好地度过家具变动最大的前2年。木材的粘塑性特征造成2年后残余应力变小。

（3）烫蜡的木材表面更接近原色，但同时也会有更大的概率遇到木材的裂曲，所以厂家对烫蜡家具的木材处理要求更严格。

（4）木头不知道自己是“南方人”还是“北方人”，只会对外界的湿度做出相应的反应，因此家具制造必须清楚交付之后要适应多大的湿度变动范围。

（5）实验中发现，不管是几千元还是几十元的水分感应式测试仪，都可能存在测不准的问题。对于消费者，建议买普通的感应式测试仪即可。拿回家测量你家已经放了好多年自己认为变形小的同密度家具得到一个含水率数值。拿到新购家具后测试新购家具的粗大部件的含水率。如果两者相差远低于5%，那么这家具在你家出问题的概率比较小。

实木家具面板裂缝问题讨论

文/大本（张超）

白发学童：请大家说说为什么实木家具的面板（包括柜子的门板）会出现裂缝呢？无论是古旧家具还是新家具都会发生这种情况，其原因是什么？

bigben：裂缝不仅仅出现在面板，其他的地方也会出现。面板上裂缝的位置不同，产生的机理也不同的。

子涵：木板甚至家具开裂是自然现象。木头干缩湿涨，表里收缩不均造成开裂。如果木材在使用之前经过严格的浸泡烘干处理，将其内部树脂赶出，就相对稳定。当然古家具经过多次雨淋和自然风干，木材木性也较稳定。另外，家具在使用过程中，尤其是素面家具容易受到干湿影响。所以要注意其使用环境的温湿度调节。

战狼典雅：个人认为主要是气候差异造成的效果。南方的家具无论如何干燥都好，只要一到北方，必然收缩。北方家具一到南方，三四月份的雨水天必然胀裂。中国的硬木新家具一到欧美必然收缩。这问题千百年以来都无法解决，当然一些软白木家具除外。听说现在北方有些大厂家可以用科学方法解决这个问题。

bigben：家具面板的裂缝通常会出现在几个位置，如图1。

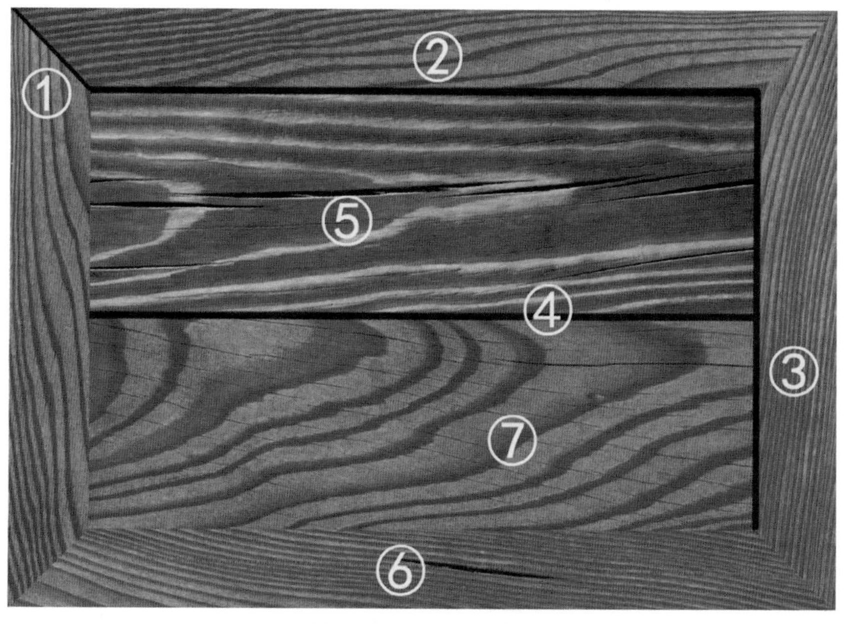

图1　家具面板裂缝示意图

①边框45°角接裂缝；

②边框与心板径向接裂缝；

③边框与心板轴向接裂缝；

④多拼心板相互之间的接裂缝；

⑤心板内部龟裂；

⑥边框内部龟裂。

上述几种情况，产生原因大家可以细说，但是主要源自以下几种情况：

①加工前木材的平均干燥度；

②加工前木材的应力均匀性；

③加工地与成品放置地的常年气候平均湿度差异；

④室内空调使用导致的湿度变化；

⑤制作工艺的欠缺；

⑥选材位置不同对干湿变化的不同反应。

战狼典雅：第①和第④种（位置）裂缝是源于制作工艺问题。出现这种裂缝，应该是厂家的责任。

第②和第③种，是木材干燥或使用环境问题。这种情况最复杂。

第⑤和第⑥种，是木材本身材质问题。这种小裂缝早就在木材上了，但是裂缝很小，在制作过程中用肉眼根本无法看见。等把家具做好了，在日后的使用过程中才慢慢裂开。这种裂缝让人最无奈，也无法解决（上大漆家具除外，无漆无蜡的家具由于木材外表没任何东西保护更容易短时间内开裂）。

oldwood：看见一个朋友说桌子出现了上述第一种裂缝。我认为这是加工时面心板选择的比外框木材干燥的缘故。

战狼典雅：我个人认为出现第一种情况有三个原因：

第一个，就是bigben说的这种。

第二个，是南北天气差异。北方做好的家具在南方使用，三四月雨水天就会出现胀裂。南方年底的产品年头雨水天时也可能会出现（其他几种是收缩缝，第一种是胀裂，属性不同。）。

第三个，是破头榫做得不够严密。当心板受潮时，也会出现这些现象。这种情况比较多。

论道漆蜡

文/京文杰（张杰）

漆与蜡之别，印象之中2008年才亲眼看见，之前数年挣扎在漆器高人的聘请、生漆的寻觅、调漆、熬漆、莫名的吃漆（生漆在罩漆后某一部位黯淡无光，漆层肤浅）、漆层持久度与漆层亮度上。2007年在观摩一个知名大家的黄花梨家具产品时，其中的烫蜡效果对笔者视觉冲击影响很大。笔者感慨其烫蜡水平跟做生漆表象一致之余，尚清透圆润，确实厉害。后又知其有其独到的风化与之外观匹配，不胜敬佩。

某一段时间沉迷对生漆的研究，因原工作地传统技艺也属于国家“非遗”，并有与之匹配的生漆也是非常讲究，历经建厂达数十年，故对生漆也有一份见地，也阅历很多北方古老生漆家具，并有对工厂库存几年、几十年的旧家具做过对比，有一些个人浅识。

传统工艺的生漆家具在北方占据的比重非常大，生漆年代久远后与家具构件完美结合一体，留下似有似无的漆层与木质互相作用生成包浆。并不是如很多媒体所言，烫蜡是北方家具制作的主要表面处理工艺，并占有主导地位，烫蜡日久后产生包浆。其实生漆的包容性更佳。在近几十年生产的花梨木、酸枝木家具，随着其浅棕漆色褪去后，透明的遗留漆层与漆层下硬木家具自身相结合，体现出的柔和细腻通透的饱满观感，个人感觉比烫蜡有过之而无不及。烫蜡在花梨木等油性、硬度略差的硬木家具上，其可被吸收性、怕水、怕高温等缺点表露无遗。

常说高端硬木适宜烫蜡，然而现在高端硬木家具已非普通人所能得，或想得而难得，为何不能转变一下观点，让生漆在北方普通材质的硬木古典家具中发挥其更大的作用呢，毕竟材料与工艺的最佳配置才是最合理的，单纯地因为不太现实的观点而放弃最美感的髹饰技艺，个人感觉很有一些抱残守缺的遗憾。

北方的冬季地暖，也会给烫蜡的硬木产生更多的考验，烫蜡后木孔的开放性，不能像生漆的半封闭让硬木对环境变化有一个适应的过程。生漆层的缓慢退化也是硬木家具逐步适应本地环境气候的一个过程，在这个过程中，既有漆层的保护，又有漆层与硬木的完美结合氧化，可以说是更合理。明清古典家具因其材料而使用最合理的外观髹饰让其发挥最佳性能，而作为生活在现代环境中的我们，也应该选取最合理的外观工艺处理方式。

综之，个人认为：烫蜡要发挥其应有的效果，应该在硬木的硬度（决定质地感，反光度）、韧性（耐气候变化）、油性（包浆形成的关键）这三个基本点的基础上使用才可以发挥其应有的效果。黄檀属与紫檀属中，檀香紫檀可能是烫蜡最佳的木料。生漆的使用没有什么局限性，其缺点一是半封闭状态对木材自然味道的堵塞，再就是初期浅棕漆色会对浅色家具予以自然加深改色（后期会褪去）（图1）。

图1　生漆处理后家具效果

走马漆厂　结缘大漆

文/缘成堂

给家具上大漆，这是我期盼已久的心事了。就在这阳光明媚的春天里，我有幸拜访了从事大漆工艺几十年的老艺人，并在老人的带领下参观了当地最大的国漆制作加工地。这里的大漆供应清华大学美术学院等相关的美术学院。

硬木家具适合上透明推光生漆，软木家具可以做底漆后再上生漆（图1～图4）。

通常推光时用的是擦漆的手法，要根据天气的湿度高低配制生漆，擦漆前要先将生漆稀释，即加入广油等，以前的漆艺人都是加柿子油（一种由山上采来的野生柿子提炼的油脂）。

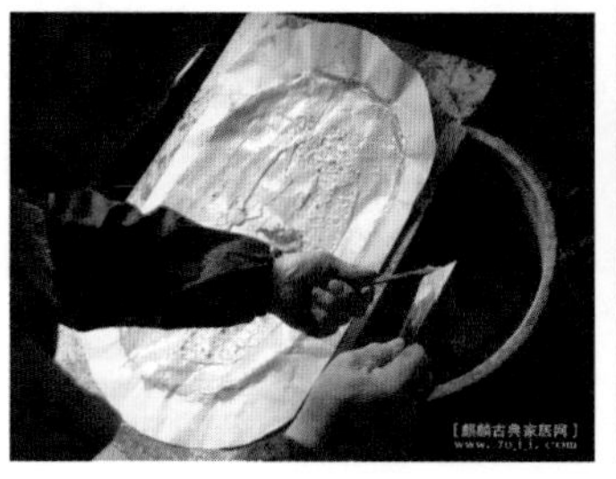

图1　生漆原漆

图2　生漆加工

图3　生漆搅拌

图4　生漆储存

大漆通常有以下几类：

（1）底漆，可通过掺入石膏粉、瓦灰、瓷粉、角粉及金刚砂等制成生漆腻子、生漆调瓦灰（有细、中、粗瓦灰），质量高，遇水不解脱。

（2）推光漆，通常是根据透明推光漆需要的颜色来调配各种颜色的推光漆，其中黑色推光漆较为常见。国内最有名的就是平遥推光漆器，它形成以磨推漆面与描金彩画相结合的独特工艺风格，工序细致复杂。主要的工艺环节包括披麻、挂灰、上漆推光。经过推光后器件的光泽比较含蓄内在。与化学漆的光泽质感不同，其光泽稳重敦厚而柔和。透明推光漆的流平性极佳，漆膜的丰满度高，可用于漆画、根雕、脱胎漆器等（图5）。

（3）提庄漆，也叫揩青漆——大漆器物表面的最后一道用漆。用上好生漆过滤后，通过徐徐搅拌脱水，晾制8小时，使漆内含水率低于30%并转为红棕色，形成硬度和附着力更好的“提庄漆”。提庄漆有较好的显木纹性，供家具或脱胎漆器推光面的揩漆，提庄漆配熟桐油（一般按1：1配制明漆、广漆或称赛霞金漆）广泛应用在仿古木器家具，供红木家具、根雕作品的擦漆（图6）。

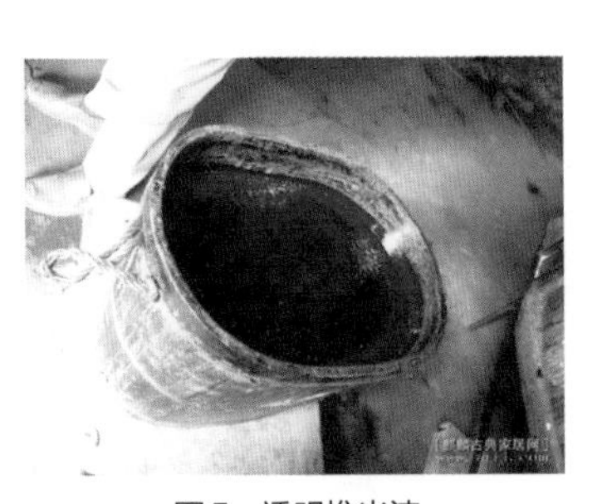

图5　透明推光漆

图6　调制后的各色生漆

将大漆盛于漆桶中，面上用纸张封好，以避免氧化变色。先揭开一角看看，图7是刚刚揭开时，颜色较浅，图8是过半分钟左右的颜色，明显看到颜色变深。

图7　纸张封好的生漆

图8　纸张封好的生漆漆色

我们用楠木作底来上大漆，如图9。

色泽较浅的是擦漆三遍后的样子，色泽深的是刷漆的漆膜较厚，擦漆的漆膜很薄，可以清晰地看到木纹，刷上较厚大漆后，颜色变深，木纹变得隐约，这时要放入潮湿阴房阴干，随着时间的推移漆膜从里到外逐渐通透开来。

图9　不同漆膜厚度的木样表面

红木家具保养的“蜡”和“油”

文/大本

红木家具在保养中经常会用到“蜡”和“油”。

其中“蜡”一般使用土蜂蜡或者调制蜡，所用的方法被称为烫蜡、打蜡或擦蜡。烫蜡是把保养蜡加热让它渗入家具的表面，形成一层保护膜来保护红木家具。经过烫蜡的红木家具使用久了，表面会越来越光滑。打蜡或擦蜡是同一种工艺，就是用棉纱在家具表面反复擦一层蜡，即烫蜡的最后一道工序。市场上的打蜡家具一般是在油漆表面再擦一层蜡，即所谓的漆托蜡。

而“油”是专指核桃油。保养方法就是在红木家具表面涂抹核桃油晾干擦净就可以。

使用蜡还是油，业界有些不同看法，我们引用相关观点，与读者共享。

关于红木家具烫蜡与擦核桃油保养的再论述

文/xiulin（王秀林，故宫家具修复专家）

保养红木家具最常用的方法是烫蜡。我不赞成使用核桃油来保养。确实老一辈很多人用核桃油保养家具。其实无论新老家具，偶尔使用核桃油进行一下保养没有什么大碍，但是常年一直用核桃油来保养，我就不敢苟同了。

我们知道硬木木材自身特有的油性是任何油质不可代替的。但是随着时间的推移以及生活环境的变化，人们生活中不断地使用接触所产生的油渍、尘土的混合物，将老家具木材本身的油性或封闭或半封闭地形成了一道封锁线保护起来。如果没有这道封锁线，木材本身的许多矿物质和油性就会随时间推移而散发。年代越久、油性挥发越多。我们经常看到，缺乏保养的老家具就像百岁老人的皮肤一样枯涩无光，皱摺密布，正是说明了这一现象。

一件家具始终用核桃油保养，短时间没有什么太大变化，但是如果随着时间的推移，核桃油的渗透在油与油之间会产生一道分界线；同时木间胶质被核桃油所吃透溶解、木质纤维遭到分解。组织细胞的分裂导致木丝（纤维）呈一缕一缕的现象，从而明显降低了木质的强度。这有点像家里炒饭，如果油放多了，炒出的饭是一粒一粒分散的；而我们蒸的米饭，特别是好的米就是抱团黏糊的。

烫蜡和核桃油有所不同。首先，蜂蜡与木材本身的油性是不相容的，这是由蜂蜡本身的“活性”性质所决定。蜂蜡在家具中上只是起着封闭表层的作用，跟擦核桃油所形成的分界线的情况有所区别。

其次，烫蜡只是在一定的木材层将其所含的多余水分赶出去，由蜡占领。对于家具应含的水分进行有限制的“管理”。既要保持适当水分，又要加以限制，不能让它肆意增减，以维持稳定与平衡。

相比而言，核桃油更多只是给家具带来一时的亮度，而且油多了使用时还会污染衣服。灰尘遇到油会成为“油耗子”，家具经常用核桃油擦拭容易成为螨虫和细菌的滋生地，甚至在梅雨季容易长毛发霉。这些也是核桃油不可常用的原因。当然蜡也有些吸尘，但是温度低时，蜡成为固体，表面积灰用掸子可以掸去，何况烫蜡工艺最后还有擦蜡这道费力的擦拭工序。好的蜡工，须经过烫蜡、起蜡、擦蜡的全部到位、认真、严格的工序，经过这样处理的家具上浮蜡几乎是不存在的。

新做家具木性和含水率还不稳定，为了不断保证木材内应有的稳定含水率，需要对家具及时进行保养。旧家具经多年的使用，整体木性已趋于稳定，但表面容易老化氧化，因此根据家具外表的具体情况进行保养也是十分必要。烫蜡保养时，蜡的使用量的多少是依木材部件的具体状况而定。在我从事硬木家具的修复过程中，常常遇到老家具贴补不牢的现象，这主要是因为其含蜡和其他油质所造成的，因此，家具保养无论用蜡用油均不可过滥。

关于烫蜡与擦核桃油效果的对比

文/白发学童

以下主要以图片方式论述烫蜡与擦核桃油的效果对比。实验木样做成机翼形。

图1中，木料左边烫了一遍蜂蜡，中间为原木色打磨抛光，右边擦过一遍核桃油。经过比较，个人感觉烫蜡和擦油后，木料颜色都会变深变亮。擦油后木料变深和变亮更明显，甚至材料可表现出通透感（图2）。

图1 烫蜡和擦核桃油效果的正面对照图

图2　烫蜡和擦核桃油效果的斜向对照图

我们再看看木料背面，观察一下蜡质和油质渗入木料的深度，见图3。图中左边为擦核桃油一边，右边为烫蜡的一边。从照片上可以看到，擦核桃油的一边，油质渗入木料的深度明显大于擦蜡的一边。可见核桃油的渗透力比较强。

对烫蜡和擦核桃油后的木料，我们再进行敲打实验，发现两种不同的处理方式对木料的强度产生了不同的影响。浸过核桃油的木材很脆，稍用力敲打就会掉“肉”崩茬，见图4。

图3　烫蜡和擦核桃油效果的背面对照图

图4　浸核桃油的木料敲打后发生崩茬

用哈里斯蜡对东非黑黄檀烫蜡与擦油比较

文 /Zitan

哈里斯蜡是市场上常见的家具蜡，亦有用于红木家具。我们用东非黑黄檀做了几对镇尺（图5），分别采取擦英国古典家具蜡（哈里斯蜡）、烫蜂蜡、擦核桃油三种方式进行处理，对其差异进行比较。

图5　打磨后的镇尺

图6　表面处理后的镇尺

试验结果：

参见图6，自左向右分别为：未处理、擦哈里斯蜡、烫蜡、擦核桃油四种处理情况，对比结果如下。

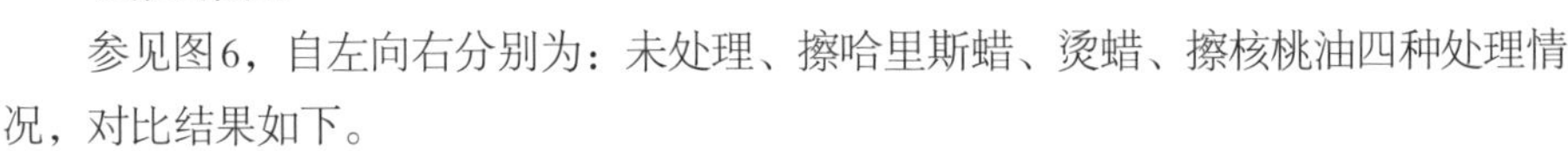

（1）擦哈里斯蜡（白色，图7）后的镇尺颜色变化小、木纹明显、相对其他两种方式亮度最大。

（2）烫蜡处理的镇尺颜色最深，感觉比较温润。

（3）擦核桃油的镇尺颜色处于上面二者之间，由于该木材密度大，暂看不出有发糠或棕眼增大的感觉。

图7　哈里斯蜡

备受争议的红木煮蜡法

文/大本

家具木材的干燥一直是红木家具厂家极其关注的工艺环节。木材干燥不到位，轻则导致成品家具发生缩涨，影响美观，重则导致家具开裂，成为重大质量缺陷。

鉴于木材的天然植物属性和干缩湿涨的特点，木材干燥工艺并不能完全解决干燥后木材的变形质量问题，为此，很多家具生产厂家花了大量的精力来改善他们的木材干燥工艺，以保证加工后的成品家具材性最大程度上保持稳定。业界常用的木材干燥方法有自然干燥、常规干燥法（蒸汽、热水和炉气干燥等）和真空干燥法等，但是这些干燥法仍然无法阻止木材在干燥以后因干湿环境变化重新产生变形，因此就有了后来一些厂家探索发明的煮蜡法。

红木煮蜡法最早由南通的家具大师顾永琦于21世纪初研发，也称为蜡水置换技术。用顾先生的话说，即用蜡作为导热介质和置换介质把木材中的水分置换出来，把木材中活泼的水分子换成惰性的蜡分子，克服木材因水进出引起的湿差应力反应。经过蜡水置换的木材因受空气湿度的影响极低，变形开裂程度会降至最低，并保证了家具的质量、延长了家具的使用寿命；同时因蜡的作用，家具表面滋润光滑，不需要再做漆。

因为煮蜡后制作的家具基本不再产生收缩缝，故也常被称为“无缝家具”。煮蜡法最早常采用常规干燥和煮蜡结合技术，后来也有厂家推出了真空干燥和煮蜡结合的技术，以缩短干燥的周期，提高干燥效率。

红木煮蜡法在业界也引起过很大的争议。反对的人首先认为红木家具经过煮蜡以后，木材棕眼被完全封闭，木材不能呼吸了，木质被完全煮死了，缺乏了木材的生命，破坏了大自然的规律；其次，经过煮蜡加工的家具木材表面颜色变深，木质碳化脆化，有塑料感；最后，有人认为煮蜡采用的是工业蜡，对人有毒性，加工工艺不环保。

赞成煮蜡法的也大有人在。毕竟经过煮蜡后的家具，不用再担心寒暑变换，不用担心梅雨季节，不用担心室内开空调。家具不开裂、不变形，表面始终光滑细腻，完美无瑕。厂家也不用担心家具销往全国各地去经受不同温湿度环境的考验。所以我们看到，煮蜡法也在不少红木家具企业得到了推广应用，甚至有些厂家还对普通煮蜡法进行了工艺优化，改变蜡液成分，优化温度与时间，控制碳化程度。

煮蜡法作为一项工艺革新无疑有其积极的一面，不过其生命力仍将经受时间的洗礼和市场的检验。我们也期望未来能诞生更完美的新的家具木材干燥工艺，造福行业与消费者。

老调重弹：烘干还是煮蜡？

文/鬼獭

烘干是木材干燥的最常见处理方法。近年来，一些家具制造企业为了解决烘干工艺的木材残留抽涨问题引入了木材煮蜡工艺，希望一劳永逸地解决木材抽涨问题，并取得了一定的成效。有观点认为煮蜡最大的缺点会影响红木的质感，会出现“塑料感”。

图1　不同干燥工艺的两张南官帽椅

以下是不同烘干工艺的两把南官帽椅，图2的椅子是笔者经烘房干燥的，图3的椅子是煮蜡工艺的。这两把椅子，看起来哪个有“塑料感”？

事实上，就个人感觉，与那些想当然的认识相反，煮蜡工艺保持了木材原有的质感，而烘烤干燥的椅子恰恰有所谓的“塑料感”（图4，图5）。

这两套椅子都放置了两年以上。就煮蜡和烘烤，个人喜爱煮蜡工艺，一方面稳定性极好，尤其是抽涨缝基本可以不予考虑，而且木性更稳定，基本不开裂。反观烘烤工艺的，目前扶手、搭脑等已经出现裂纹（图6）。但有一点煮蜡工艺比不了，就是颜色变化，煮蜡的椅子颜色深度变化可以不计，而烘烤的椅子颜色深度变化极为明显，刚开始会被认为是草花梨材质，逐渐才变成今天这样，充分体现了红木自然氧化的过程。

图2　烘烤工艺成品效果

图3　煮蜡工艺成品效果

图4　煮蜡工艺成品效果

图5　烘烤工艺成品效果

图6　烘烤工艺椅圈表面出现的细裂纹

中国传统家具藤编技术研究

文/通作家具

中国传统家具在宋朝之前就已使用藤席作为床、榻、椅的软屉，当时已能编织出水波纹饰的屉面。藤屉的透气、舒适、平滑、美观是床、榻、椅的最佳选择，也是中国传统家具最重要的原创特色之一。中国千年的家具史从未舍弃对藤屉的喜爱。唯独到了清朝，在清廷皇室的影响下，中国传统家具由简洁典雅、以人为本的风格，逐步转化成繁缛、厚重、重装饰的局面。家具中的藤编工艺也在这一风格的变化中逐渐消失，至清晚期只剩下席面下托板的压席硬屉。藤面的透气性和舒适性从此荡然无存。民国以后，在西方舶来品席梦思、沙发的进攻下，更是节节败退，几乎要退出历史舞台。

图1　藤编

20世纪80年代王世襄先生的《明式家具珍赏》一书唤起了国人对民族家具文化的觉醒，也掀起了觅旧制新的中国古典家具热，然而至关重要的藤编工艺却没有“重返江湖”。旧家具上拆下的残破藤席成了古玩市场昂贵的宠儿，人们从残缺不全的断藤烂线中寻找着昔日的编织文化和昔日工匠指尖的韵律（图1）。

图2　传统苏作藤面，压边打销钉

1998年我们从明代旧床、旧椅上拆下的残席，开始研究藤席纹饰的编织程序。首先设计出最简单的箩底方图案，边编织，边完善工具，边总结经验，同时研究古代藤屉寿命不长及现代人对此心存疑虑的原因。

图3　做旧机编藤面，太软易损，边上已变形

1.藤屉破残原因研究

（1）从残旧家具看藤、棕的质量普遍较差。藤的厚薄、宽窄不一，编织不密，

棕线单股太粗，股数太少，牵拉应力不均，易断，易塌，失去承压作用，致使藤面孤军作战，造成棕毁藤亡。

（2）编织过程中有断藤现象，本应把断藤全部去除，换上一根完整的，但有时换一根藤要一两天时间，编得越密，换藤丝越困难。过去大多是在折断处补镶一段，这一段就成了藤席短命的隐患，导致藤破棕露无法使用。

（3）棕线在边框孔眼前叠交，形成高低不平的交叉，使藤面形成凹凸不平的边缘，高出部位在使用过程中，易受磨损，藤丝易断。

（4）藤屉四边的压条，用木钉固定，易松动、易脱落、有缝隙、不美观（图2、图3）。很多中国传统家具的爱好者，看到支离破碎的藤屉下挂着七零八落的断棕线，以及制作时粗制滥造的痕迹，对藤屉的强度、寿命产生了疑虑和排斥。

因此，设计有文化内涵、编织高强度长寿的藤屉，成了我们制作家具中的重要历史使命。

2. 藤编技术改进

数百年的沧桑使得旧的编藤技术再难被使用。寻找新藤丝，探究新工艺，编织新的辉煌，成了当务之急。通过长时间的钻研，几经周折终于找到能配“千里马”的印尼极品级玛瑙藤丝和白毫棕线。玛瑙藤天然釉质层的耐磨性、硬度以及同等单位面积下的纤维塑性、强度均超过紫檀，所以部分使用玛瑙藤的明代藤屉至今也有完好无损的。藤编是一项极费工时的工作，认真仔细的工作态度和高质量的原材料是完美久存的关键。

经过研究，我们改进和制定了以下传统现编工艺：

（1）编织前对每一根藤丝的每一段都进行仔细认真的检查，有厚薄不均、宽窄不一、斑点瑕疵、色差明显者均要剔除。棕线多股斜拉打底，椅用单层棕屉，床榻用双层棕屉。棕线的质量、拉线的方向、每根棕线应力是否均衡与使用寿命均有密切的关系。手工操作时，要有娴熟的手法和丰富的经验，棕线拉得太紧容易框破线断，拉得太松，对藤面的承托力不够，藤面受压后，拉伸超过承受极限，藤面易损坏。

（2）在编织过程中要一根一根地拉直、拉靠、拉紧，越紧密，强度越高，编织难度也越大，如有折断一定要不厌其烦，换上完整的藤丝，切不可镶接。

（3）为了避免棕线在边框孔眼处重叠，造成高低不平，要在孔的线道上开槽，让重叠的棕线落进槽里，使棕屉平整。

（4）安装压条：过去都用木钉的方法，不美观，易松动。我们采用边框开槽，每一根压条用预应力方法镶入，无缝、无钉、美观、牢固，这是一项结构创新。

为了延长藤屉的使用寿命，要不怕麻烦，不惜代价，把追求完美贯穿于整个工艺过程。要创新发展，比我们的前人做得更好。我们相信藤屉的优势会随着传统家具的复兴再次“藤”飞。

以上借鉴顾永琦先生之言归纳总结：

（1）南通工和苏州工相比较，南通工紧密，活慢，价格贵；苏州工便宜，贴近市场（图4）。

（2）广东工多为机编钉上去，强度可谓最差的。

（3）古代基本上没莆田工这种做法，且图案以简单方框为主（图5）。

图4　南通工，立体感强，工时大

图5　莆田工，藤面非整根，空内多为打结或做假木梢

跟帖

通作家具：

一般好点的为六股斜拉棕，而很多人追求藤越细越好，那是错误的，小椅子一般是1.25毫米或1.5毫米；大椅子、禅椅一般为1.5～1.75毫米；而床塌一般为1.75～2.0毫米。看器型大小而论，密度为25毫米孔距排1.5藤11～12根，看工艺1.75毫米藤排10～11根。

编藤线路以笔直、整洁为标准，如果高要求的话还需要立体感。

现在95%以上厂家对藤面不保养直接来用，也是导致藤面易损的原因之一。藤面表面首先不要拿碱性水来洗，洗完冷风吹掉藤和棕间的水，然后吹干晒干，但不可暴晒。再用橄榄油或者核桃油涂抹，使藤纤维均匀吸饱。后用液态蜡打匀，洗完后会有毛刺，大的用指甲刀剪掉，细毛不讲究可以不理，用的过程中就没了。

鲁班家园：

不对！不对！不对啊！真正的藤面没有上油上蜡的做法！上蜡也是近20年内的事情，广州人多采用这样的做法，主要是外表好看，便于出售！一上油上蜡，藤的吸潮湿透气的功能，就会消失，反而不如塑料藤。原始藤连硫磺都不熏，不是通色浅白的，而是斑驳不一。人坐上较舒服，吸汗透气。

从收藏和爱好来说，以上观点符合他们心意。但是从古到今，从我们编织和使用角度来说，从来没有上蜡和上油的，最多用点淡盐水擦擦，一般淡盐水都不用。人的汗水成分，就是通过藤的吸收和挥发。正常我们编织的时候是用水浸两分钟，然后编织，等干了后藤面就绷直。

关于以上上蜡上油的说法，可能是现在有些厂家，为了便于销售，而做这些违反常识的事情。

通作家具：

人体排出的汗是弱碱性，容易让席面潮湿变黑，且汗液中带杂质，藤面也容易变脏。熏硫磺的做法也是有的。吸油是为了让藤不吸水，在美观和长久方面能得到提升。原始藤在藤丝开料开始就会变得斑驳，很不美观。

编藤和做家具一样，但不能盲目地抄古代的做法，软体是因为透气、以舒适著称，而苏作软体的起源是因为木材资源问题。加淡盐水第一是为了软化，第二是为了藤丝强度，是需要这样做的，不然藤不容易合缝。

不是古时没做过就不能去做，简单地说，硫磺燃烧，第一是熏黄，第二是杀虫杀螨。但硫磺燃烧产生的二氧化硫是有毒的。不是所有古代的东西就是好，做家具和藤面都是要有发展和创新。在藤面的擦油和表面上一层液态蜡，比较有效地增加了藤的使用寿命和美观性。古代藤制品为什么很少留到现在，还是因为藤没有处理好。所以我个人认为泡油是可行的，是对藤制品的改良。三国时藤甲兵的藤胄，就是反复泡油阴干，导致藤轻可浮于水，坚可御刀剑。

闲话铜活

文/shangpin

铜活，作为红木家具的配套，有画龙点睛的作用。它作为一种传统的老工艺，越来越被人们重新认识。好的铜活，会把作品提升到更高的层次。

铜活的讲究有很多，工艺有很多，今天，我只说文盒上的铜活，希望能以小见大。

我们先说说铜活安装的两种工艺：平卧法和浮钉法。

平卧法：也称为平镶法。就是按照铜件的形状、大小、厚度，在木器上先雕刻出来，安装铜件后，让铜件上平面和木板的表面基本相平，再通过打磨，铜面和木面表面的高度达到一致。这种方法是最讲究的铜件安装方法，对工艺要求高，加工成本也高。

平卧法的钉子，也有两种安装的方法：

第一种，是先把钉子焊接在铜件的背面。铜钉分两叉，在木器上先钻好小孔，钉子穿过去后，分两边劈开，铜件就能牢固地固定了。

第二种，是直接在铜件上钉铜钉，在安装好铜件后，把钉头磨掉，和铜件相平。

平卧法的安装，除了要求师傅精通铜活外，木工的雕刻也要掌握，因为有的铜件，例如云纹的包角，就需要按圆弧的曲线去雕刻，而且厚薄均等。厚度掌握在1毫米左右，是需要有技术的。

浮钉法：铜件最简单的固定方法，就是木器表面不挖槽，直接将铜件用泡钉钉牢。安装好后，铜件高出木器表面。

这种安装方法技术含量低，易掌握。

文盒或官皮箱之类，一直都被文人雅士收藏把玩。精品的价格也不低。除材料本身外，更值钱的是其工艺。

为了研究铜活，笔者不下5次跑到100多公里外的一个小村庄，去请教一位以铜活来养家的老师傅。说他老，是工艺的老，你拿什么物件去，他会教你应该用什么工艺去做，而他专做铜活已经有10余年了。

以下是两个镶铜件的文盒图片（图1、图2），对于其铜件安装工艺，一个是非常正宗的做法，一个是简单的做法。

另外，关于小木箱的榫卯工艺。小木箱的板，厚度一般在5~8毫米左右。如何用榫卯来组装也是一个技巧。通常，我们在市面看到的行货都是用明榫。但如果讲究的话，是用闷榫，也就是暗榫，就是在两块8毫米的板材连接的45°格角处，互相开榫卯，互相紧扣，而在表面，只看到两板材是45°的格角衔接，看不到中间的榫。

如果用明榫，也没问题，应该用铜件包角，并不是能看到榫就是高，就是工艺精，反而，那只是败笔。

包铜件，也有黄铜和白铜之分。紫檀、黄花梨的器件，一般用白铜，更显高雅。

此外，有关明式是用平卧法，清式用浮钉法的观点，还有待研究。

图1　镶铜件的文盒
（图片来源：网络）

图2　镶铜件的文盒
（图片来源：网络）

清宫档案中的掐丝珐琅及珐琅家具

文/心如镜月如钩（周京南，故宫博物院研究员）

自从内地艺术品拍卖市场兴起之后，掐丝珐琅器便成为市场上广受瞩目的一类拍品，据雅昌艺术网统计，截至目前，各家拍卖公司共计成交掐丝珐琅器1350件，成交率约为50%，其中清代掐丝珐琅器上拍数量和成交金额独占鳌魁，远超各代。据业内专家统计，目前拍得高价的清代珐琅器，绝大多数为清宫所制，堪称宫廷艺术的典范之作。

1.珐琅工艺传自阿拉伯

在我国传统的工艺史上，珐琅工艺占有着重要的一席之地。珐琅是一种粉状的玻璃质，以石英、长石、硼砂、纯碱为原料，以金属氧化物为着色剂，经粉碎、熔融后而成。珐琅器则是将珐琅釉通过不同的加工方式固着于金银或铜的表面，达到实用美观等功效，流金溢彩，富丽堂皇。珐琅在古代又称为“佛郎”“佛郎嵌”。明初曹昭《格古要论》著录了珐琅工艺的特点：“以铜作身，用药烧成五色花者，与佛郎嵌相似，尝见香炉、花瓶、合儿盏之类”。

珐琅器在我国的出现较晚，根据明清文献的记载可知，珐琅是由域外传入我国的。《明史·外国列传》载：“古里国进贡器物中有宝石、珊瑚、拂郎器……”而据《中国艺术史》的记载，珐琅是元代由阿拉伯地区传入我国的，“珐琅质装饰发明于西亚细亚，其期似已古远。耶稣纪元之初，即流行欧洲。中世纪时，罗马（即大秦）之君士坦丁府为著名珐琅贸易地……蒙古勃兴，亚细亚全部及欧洲东部几全为其征服。由是遂开东西工业交通之路。十三世纪左右，阿拉伯人从事海上贸易，亦曾输入珐琅品于中国南部，故又有大食窑之称”。

2.珐琅工艺成熟于明代

珐琅虽然在元代就已传入我国，但珐琅技术真正成熟的阶段是在明代。明景泰年间，由于明政府的重视，珐琅的制造技术趋于成熟。外来的珐琅工艺技术，经过我国工匠的吸收消化和改进出口，扬长避短，成为具有我国工艺特点的珐琅艺术——景泰蓝，现存的明代掐丝珐琅器物大多为明代晚期的产品，其品种很多，有鼎彝等宗教礼仪用品，也有大量的日常生活用品，如花瓶、熏炉、灯台、盒、盘、碗、碟等。造型一般端庄古雅，纹饰繁缛丰富，有番莲、饕餮、蕉叶、龙凤、云鹤、菊花、山水、楼阁、人物等。借鉴锦、玉、瓷、漆等工艺传统手法，突出了勾边填色的图案程式。珐琅颜色丰富，而且混合色种类多，有蓝、红、黄、绿、白、天蓝、宝蓝、鸡血红、葡萄紫、紫红、翠蓝等等，釉色变化多而艳丽。

3.清宫掐丝珐琅器种类繁多

清代以降，社会经济不断发展，至清中期，物阜民丰，国力强盛，统治阶级有足够的财力精力来支持工艺美术的发展，很多工艺品种都较以前有了长足的进步，这一时期的珐琅工艺也不例外。康熙初年，清廷即在武英殿附设的造办处部门中设置“珐琅作”，制造宫廷专用器皿。

在清代宫廷的珐琅器中，可圈可点的当属掐丝珐琅器。当时的制作方法是：在已成型的金属胎表面，用细薄的金属丝焊接或粘合成轮廓纹样，即掐丝，再于纹样轮廓线内点施珐琅，经过多次入炉焙烧及镀金、磨光而成。这个时期所采用的物质材料，分上、中、下三等，上等者金胎金丝，中等者银胎银丝，下等者铜胎铜丝。花纹的内容也比明代更为广泛。花鸟虫草图案更加生动多姿，龙凤图案越显刚柔相济，并出现了利用历代文人名画掐制的作品。这时已开始使用手摇压丝机，使丝工技艺达到了空前的匀称精美。釉料不仅出现了粉红、银黄和黑等颜色，而且粉碎技术也有了很大提高。釉料研磨的加细，对点润技术的提高和作品的表现力起了很大作用，产品的砂眼也大大减少。这时的制品不仅继承发展了明代景泰蓝豪华、古典、雅致的民族风格，而且镀金技术远远胜过明代，镀金厚重光亮，灿烂夺目，充分展示了皇家的富贵气派和金碧辉煌的艺术效果。

清宫内务府造办处的匠师们竭心尽力为清代皇家生产了大量的掐丝珐琅作品，而且品类繁多，涉及宫内生活的各个角落，如宫殿陈设、祭祀活动、日常生活等。在清代宫廷档案中，对掐丝珐琅的制作多有记载。

（1）在玉器上配装珐琅胆。如乾五十年正月“珐琅作”记载，该年正月初四日员外郎五德、库掌大达色、催长金江舒兴来说：“太监鄂鲁里交汉玉杠头筒一件，传旨配诗意珐琅胆、紫檀木座钦此。”

（2）在瓷器上配装掐丝珐琅胆。乾隆五十年十月珐琅作记载，该月：“初十日员外郎五德、库掌大达色、催长金江舒兴来说太监常宁交官窑双管小瓶一件，传旨交珐琅作照样烧造掐丝珐琅五孔诗意胆一件……钦此，于十月十七日将官窑双管小瓶一件，随合牌诗意胆样一件，上画得掐丝珐琅花纹样呈览，奉旨，照样准做钦此”。

（3）制作珐琅文玩陈设。同是该年正月初九日的档案记载，“员外郎五德，库掌大达色，催长金江舒兴来说太监鄂鲁里传旨：画舫斋现设格内，配做珐琅陈设六件，钦此。于十月初六日将镀金二次掐丝珐琅陈设六件持进交太监常宁呈览，奉旨：着配紫檀木座钦此。”

（4）制作小件珐琅器物。乾隆五十年五月“珐琅作”记载：“十二日员外郎五德、库掌大达色、催长金江舒兴来说，太监鄂鲁里交掐丝珐琅炉瓶三式一分、掐丝珐琅双管瓶一件、掐丝珐琅塔式瓶一件、掐丝珐琅奔巴瓶一件（无座），传旨俱刷洗好呈览钦此”。

4.掐丝珐琅家具风行乾隆朝

除了一般瓶壶碗盘之类的器物外，乾隆时期的宫中造办处在珐琅器的制作上，突破了固有范围，扩大到家具上。

清代是中国家具发展的顶峰时期，清代的家具制作向以极工尽巧、装饰繁缛而著称，在装饰风格上讲究“求多、求满、求富贵”，所采用的装饰材料也丰富多样，有陶瓷、金属、玉器、螺钿、石料等多种材料，以达到悦人耳目的视觉效果，而这些家具的装饰材料中，也包括了色泽明艳的珐琅材料。这一点从第一历史档案馆所藏的清宫内务府造办处档案中亦能反映出来，如：

乾隆十七年“珐琅作”十一月初三日记载：“员外郎白世秀来说太监胡世杰交掐丝珐琅面紫檀木边小桌一张，掐丝珐琅面漆桌一张。”

乾隆四十六年十二月初五日“油木作”记载，“员外郎催长来说太监鄂鲁里紫檀木边掐丝珐琅心挂屏一件，紫檀木边嵌玉花卉漆心插屏二对，(俱有开裂处系宁寿宫)传旨将开裂处俱收什得时将珐琅挂屏仍交原处”。

乾隆四十六年十一月二十五日“铸炉处”档案记载，“员外郎五德、催长大达色来说太监鄂鲁里交掐丝珐琅杌子六对，掐丝珐琅炕案一对”。

从以上记载可以看出，清宫内务府生产的珐琅家具涵盖了从屏风、香几、桌案、椅凳等类家具品种，至今在故宫博物院内还存在不少掐丝珐琅家具，历经几百年仍保存完好，焕彩生辉（图1）。

图1　紫檀边框掐丝珐琅宝座

珐琅器用及家具是清代宫廷艺术品的一大特色，特别是在清高宗乾隆帝时期风行一时。究其原因，主要是清朝以降，清宫家具中盛行西方的巴洛克的装饰艺术，巴洛克艺术在家具上的表现即是以各色大理石、宝石、青铜、金等装饰材料，与家具制作技术相结合，达到炫目争辉、富丽异常的效果，很能满足清代统治者好大喜功的心理需要。此外，清代中期，清高宗弘历追慕古风，嗜古成癖，对于先秦三代的青铜礼器垂慕有加，而金属胎珐琅器物的特点是在烧造成型后既能展现出先秦礼器的形制，同时又可在器物身上勾画、填充渲染出色彩浓淡相宜的各色纹饰，与传世的先秦青铜礼器相比，更显得流金溢彩、富丽堂皇，与西方巴洛克艺术中讲求的镶金嵌铜、炫目华丽的风格恰相契合，故深受乾隆帝的喜爱。一件做工精细的掐丝珐琅器用及家具往往是费工费料、材美工巧，堪称工精料细的佳品杰作（图2）。

图2　紫檀镶珐琅鼓凳
（图片来源：鼎兴天和丨阊阖瑞景——宫廷遗珍拍卖专题画册）

经典作品不可复制？借先进技术打破迷信

文/盛丰古典（梁忠）

红木行业“型、工、材”已经成为评价红木家具优劣的三个重点要素。首当其冲的就是“型”，也就是家具的形制和造型。一个好的红木家具首先要“型”漂亮。现在图谱上的经典原款，包括很多名家的作品款式受到红木爱好者的推崇，很多人坚信，经典款和名家款很难仿制。

而现在，逆向工程技术的出现，让经典款和名家款的高度复制成为现实。这里我们讲述的是采用3D扫描、计算机辅助设计和制造技术逆向仿制鼓凳的案例。

本人是机械设计与制造专业出身，多年从事CAD/CAM（计算机辅助设计/计算机辅助加工）技术的教学和研究。一个偶然的机会被明式家具的魅力所吸引，走上了古典家具之路。

明式古典家具追求形制经典。有网友非常喜爱名家的作品，甚至到了痴迷的地步，并认为名家和经典不可复制。我就想应用CAD/CAM技术，来精准复原经典著作图录、故宫博物院藏品等古典家具的经典器型。

首先，使用CAD软件，快速地测算原图或原物的尺寸。我们用专业软件设计家具，在一两毫米间反复调整，从中探索出最佳的家具比例尺寸，然后经过打样，才投入家具正式生产。我们使用木工数控加工中心来加工形状复杂的家具构件，可以降低加工成本，更重要的是大幅提升了产品的质量。家具构件尺寸比较精准，能做到“不差毫厘”，力求与原款形同神似。期间，我们精准复原了王世襄《明式家具珍赏》、伍嘉恩《明式家具二十年经眼录》、故宫博物院藏品中多款古典家具的经典器型。

有一次，一个网友拿来一个鼓凳问我们能否仿制。这是南方某大师级名家的产品，我对这个大师也是非常尊重。这个鼓凳是著名的中国古典家具收藏家古斯塔夫·艾克《中国花梨家具图考》著作中的经典款式“带底足瓜棱形鼓凳”。以前自己也按照书上的图片进行过仿制，而现在眼前的这个名家作品，是否真像一些网友说的不可复制吗，我很想一试，也算作向我喜欢的这位名家致敬（图1）。

为此，我使用最先进的逆向制造技术开始了这款瓜棱鼓凳的逆向还原制造。我先使用美国法如三坐标测量仪采集原款数据（图2），再使用UG大型CAD软件逆向建模（图3、图4），最后使用台湾恩德木工加工中心加工座框和楞柱曲面（图5~图7）。先进逆向制造技术为准确复制器型奠定了基础，再配以传统榫卯结构安装到位，最后我们对表面进行手工精修刮磨并刷涂纯正传统生漆，费尽匠心，终仿成此器。

完工后，我们将复制款与原款分别测量数据进行对比，不管是总体长宽高尺寸，还是局部棱柱二维圆弧尺寸，误差都能控制在0.3毫米人工误差之内，可以说我们完美复制这款名家的作品（图8、图9）。我们还对该款产品进行了改进，原款座面心板为落堂设计，新款改为平镶，坐起来更加舒适。

图1 大师款：瓜棱鼓凳
（图片来源：网友梦回丽江）

图2 三坐标测量仪扫描采集原款数据

图3 逆向建模渲染

图4　建模数据编辑

图5　加工中心加工座面框

图6　加工中心加工棱柱曲面

图7　加工中心完工后的棱柱半成品

图8　上漆前的成品鼓凳

图9　上漆后的成品鼓凳

通过这个案例，我们觉得，不管是经典图录款式，还是名家作品，通过先进的加工技术，都可以精确复制出原款的形制。那些认为经典和名家作品是无法完全复制的盲目崇拜的观点我并不认同。

使用逆向工程用于家具制作有着重要意义，值得我们关注和应用。

另外也跟大家说说使用计算机先进技术加工古典家具的一些体会。个人觉得，就批量生产而言，使用计算机辅助设计和制作技术能体现充分的优势，尤其是在加工曲面和开榫孔等加工环节：①可以降低约1/3的人工成本，减少响应加工时间；②可以高精度仿制出经典的产品；③可以保证批量产品的质量一致性。

麒 / 麟 / 论 / 坛 / 菁 / 华 / 集

古典家具

用材篇

第3篇

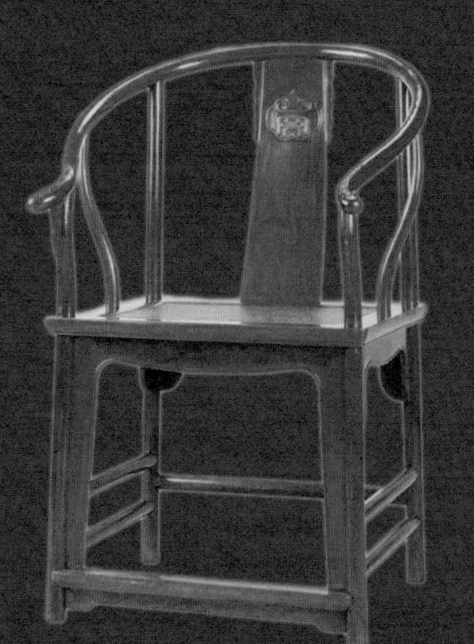

红木新国标5属8类29种木材衍生图及简述

文/大本（张超）

《红木》国家标准最先在2000年发布，发布单位是国家质量监督检验检疫总局。在这之前，1998年国家轻工业局还发布了《深色名贵木材家具标准》。前者是木材标准，而后者是家具标准。

两个标准，内容部分重叠。尤其2000版的《红木》国家标准颁布至今20多年来，为国内红木家具的标准化作出了突出贡献。

2017年国家推出新版《红木》标准。新版标准是在红木原料来源萎缩、销售遇冷的市场背景下推出的。

新的《红木》国家标准比原来的标准减少了4样木材。紫檀属花梨木类中的越柬紫檀、鸟足紫檀被合并到大果紫檀，黄檀属黑酸枝类中的黑黄檀被合并到刀状黑黄檀。乌木类中的蓬塞乌木被除名，毛药乌木由乌木类被归为条纹乌木类。铁刀属类鸡翅木被改为决明属鸡翅木。

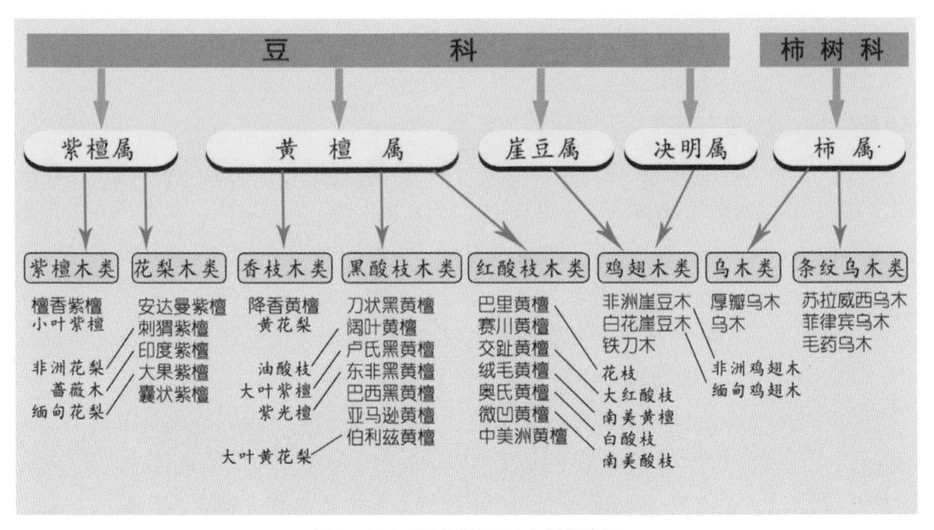

图1 红木5属8类29种木材衍生图

目前红木家具标准里面很多木材种类，特别是很多黄檀属木材都已经被纳入了联合国《濒危野生动植物种国际贸易公约》（CITES）目录。原材在很多原产国被禁止砍伐和出口。实际上这个标准里面真正能够被商家用来制作古典家具的木材已经越来越少。市场上很多企业开始大量使用非《红木》国家标准的优质木材来生产古典家具。

业界常说的红木原材“老三样”指的是檀香紫檀、降香黄檀和大红酸枝。降香黄檀目前原料已经枯竭。檀香紫檀在印度每年还有少量供应。大红酸枝已经被禁止出口，供应量也越来越少，尤其大料非常稀缺。

讲到紫檀，很多人容易把紫檀木类的紫檀跟花梨木类的紫檀混淆。其实业界真正意义上的紫檀就是指的紫檀木类的檀香紫檀，也叫小叶紫檀。其他关于紫檀名字的红木木材都是属于花梨木类。花梨木类中，国内企业用得比较多的是大果紫檀和刺猬紫檀。大果紫檀俗称缅甸花梨，木头有香味，也被称为香花梨，目前是最受欢迎的花梨木。大果紫檀在河北用得比较多。刺猬紫檀属于俗称为“非洲花梨木”的一种，花纹美丽，尽管味道有点臭，但是因性价比高而颇受欢迎。中国广东新会市是国内较大的刺猬紫檀家具生产基地。

还有几个在业界经常被提到的“紫檀”没有被纳入《红木》国家标准。但是也颇受从业者关注，其中最有名的就是染料紫檀，也称为血檀。产地主要有赞比亚、坦桑尼亚和刚果等国家，其中以赞比亚紫檀为上品。优质的血檀跟檀香紫檀不管是外观还是组织微观都很难区分。血檀近些年在国内大行其道，市场接受度也越来越高。

市场上还有一个名词叫草花梨。草花梨是一种业界俗称，它是与《红木》国家标准的黄花梨木对应来说的亚花梨，它不是红木，常见的有非洲紫檀和安格哥拉紫檀等树种。草花梨木质粗疏，棕眼很大，色如土黄，干涩无光泽。草花梨在清朝黄花梨枯竭的时候就有被用来冒充黄花梨，收藏圈里比较常见。

黄檀属中香枝木类就是指降香黄檀，即海南黄花梨。越南黄花梨也可以被归为香枝木类，但是也有专家认为它应该为东京黄檀。

红酸枝木类里面最有名的就是交趾黄檀，俗称大红酸枝，也是收藏界口口相传的“老红木”。大红酸枝的价格在市场上已经仅次于黄花梨和紫檀，逐渐步入了贵族红木的行列。大红酸枝家具在国内最大的加工集散地为福建省仙游县。奥氏黄檀俗称白酸枝，因为花纹酷似黄花梨而为红木爱好者所喜爱，也偶被一些收藏界业者用来冒充黄花梨。白酸枝是目前受欢迎程度仅次于大红酸枝的酸枝木类木材。除此以外，在国内，一些厂家也有用巴里黄檀（俗称花枝）来生产红木家具。

黑酸枝木类身价最高的是卢氏黑黄檀，俗称大叶紫檀。现在在家具市场中已经少见，在一些雕刻件中还会看到。家具中使用仅次于卢氏黑黄檀的就是东非黑黄檀，俗称紫光檀。紫光檀出材率低，国内有一些厂家专门生产紫光檀家具。伯利兹黄檀因为花纹酷似黄花梨，常和另一种非《红木》国家标准的木材长叶鹊肾一起被俗称为大叶黄花梨，常常被用来假冒黄花梨。

市场上的黑酸枝通常指的是刀状黑黄檀和阔叶黄檀。

鸡翅木类里分为非洲崖豆木、白花崖豆木和铁刀木，前两者分别俗称为非洲鸡翅木和缅甸鸡翅木。古书里面经常提到的鸂鶒木更接近于现在的缅甸鸡翅木。非洲鸡翅木因为木纹粗放颜色突兀，地位常常低于缅甸鸡翅木，价格也低于缅甸鸡翅木。鸡翅木在古典家具中应用的历史较久，但是其价格却一直如同扶不起的阿斗，至今仍在低处徘徊。铁刀木容易跟明清家具的常用木材——铁力木相混合，铁力木棕眼较粗、木纹平直，没有铁刀木常见的鸡翅纹。

乌木和条纹乌木目前在国内古典家具厂家中使用的非常少。

以上是标准所述部分木材的相关情况，标准源于社会和市场，也服务于社会和市场。应该贴近实际，与时俱进。

图2　木材样本

红木传统用材及粗细木工作

文/仁品堂（郭向阳）

长期以来，红木传承着一份文化，伴随历史的发展而延续。红木新手常常会有疑问：红木原料只是一份载体，家具制作工艺在这种载体上得以发挥，其实没有必要纠结一种木材不放，为何不可以使用更加廉价的木材来施展这份木作技艺。其实事实并没有想象的那样。大多一个想法可能需要数年或者数十年的时间来验证。

从审美角度上来说，大多数明式家具从审美到人体工程学的运用都已经发展到了极致。在漫长的家具历史进化中，黄紫红草等木材原料成了这种文化进化的主要载体。那么，为什么要纠结在这部分材质上，而失去更多的选择空间呢？

身处于当今世界，便利的交通让一切资源的取得都轻而易举。如今，美洲的木材资源也开始被国人所接受。而就美洲木材和亚洲木材的区别，个人认为木材因为纬度气候、生长环境及土壤的不同，形成了不同特性。通过这些年的行业经验，笔者发现一条规律：大多数美洲木材都有一个共性，就是当制作成器时，颜色比较醒目艳丽，而随着时间的推移，木器多呈现灰暗无光的状态。这种现象在亚洲木材上鲜少发生，亚洲木材多经岁月的流逝，会越发华美靓丽。这是由于土壤和生态环境起了决定性的作用。回溯历史，中华文化如果从公元后算起，到明末就已经历经了1600余年的岁月。先人们能采用这些木材原料加以利用，也是经过了这千年的漫长积累所得到的经验使然。木匠会因为自然特点来取舍木材品种。

1.黄花梨、紫檀、红酸枝长期占据高端红木市场的原因分析

（1）黄花梨

因为黄花梨的木质组织介于硬软之间，所以基本按照传统工艺制作的黄花梨家具，成器对各种环境的适应性最好，很少出现大的质量问题。也就是说，这种木材木性的稳定度非常好。因为黄花梨颜色明快，取材率高，成器的观感优异，所以它这种材质特性就把明式家具演绎到了极致。

笔者偶尔也会联想，是不是所有有季节性香气味道的木材都会是此特性呢，这个联想源于草花梨。草花梨同样具备类似黄花梨的木性和特征，比如：底色荧光率接近黄花梨，木性稳定性接近于黄花梨，木材的比重等同于黄花梨，木材在锯切或是潮湿环境中会产生香气。草花梨对比黄花梨的不同点有：草花梨的纹理呆板，不像黄花梨的纹理流畅多变，其香气比较甜腻，一年四季均有木香气，而黄花梨只在气候潮湿的气候下，香气才非常明显，毛料切割要经过长久时间的水浸干燥才能避免成器上生长厚重的白霜。而黄花梨的香气类似于兰草般的飘香，丝丝入味（图1）。

（2）紫檀

先人祖物的紫檀器相对于流传下的大型精工家具少得可怜。紫檀有着极好的木性，但紫檀家具也是木器行业最难做的家具。因为紫檀价格高昂，一根紫檀原木在被切割前工匠要花很大心思对其多方揣摩构思，生怕一刀走错，满盘皆输，所以在大型紫檀家具制器中，从材料使用的纯粹角度而言，由于不得已的材料拼补，紫檀精品作品鲜少，能够说得过去的也大都依赖器型做工（图2）。

图1　黄花梨圆角柜
（图片来源：佳士得2012年拍品）

图2　多宝阁柜
（图片来源：两依藏藏品图录）

很多精美的紫檀家具多集中在凳椅盒箱这类器物上。取自一木的小型紫檀器物在自然环境中因为氧化导致颜色会更加趋同。而因为紫檀的取材率较低，大型紫檀家具因为多木一器，构件氧化后颜色不均，花斑现象比较严重。越是历经长久的氧化，则这种现象越为明显。精品紫檀家具需要耗费大量工匠心血，而回报率往往不尽人意。

同等木性下，将紫黑色颜色木材特性发挥到极致的就要属紫光檀了，这种原料的取材率之低相比较紫檀更甚。紫光檀同样具备了近似紫檀的木性，其硬度更高。紫光檀树材外廓多呈梅花状，内芯常出现空洞，紫光檀的取材率比紫檀更低。

（3）红酸枝

红酸枝似乎一时间成为清中期后代替紫檀的木材，实则不然。红酸枝历来就有明式家具传承。而明式家具中，能证明制器为红酸枝的明朝时期家具也具备非常多的数量。只是现代很少有人去考察这些始末缘由。常人习惯先入为主，甚至变成了固执己见。儿时，经常听到老红木一词，而每每说到家中有老红木家具，老辈人都会有一种自豪的表情。老红木似乎在那个时代就被代表着一种高贵。何谓老红木，为便于理解，姑且就把它称为“老挝生长的红酸枝”，俗称大红酸枝。红酸枝取材率接近于黄花梨，流传下来相当数量的明式家具精品。但是因为此种木材的木性比前两种木材差，所以匠人们在木材干燥上需要做更多的功课。黄花梨成器后采用烫蜡工艺，而经岁月的氧化，其颜色和初始状态相比没有太大的区别。而紫檀木器的颜色会由浅至深变化。红酸枝也具备类似紫檀的氧化属性。在遗存器物中，因为走眼把红酸枝当成紫檀的事情偶有发生。有些红酸枝木材在弦切面会看到像黄花梨一样如诗如画的纹理，这常常使得有些红酸枝既有着接近紫檀的颜色，又有接近黄花梨的纹理。红酸枝木材具备接近紫檀的密度，而其取材率相对较高，工匠艺人在此材质载体上的发挥空间就更大，这也就造成了红酸枝精美家具的多见（图3）。

图3　瓜棱腿罗汉床
（图片来源：苏富比1999年拍品目录）

墨西哥产的微凹黄檀有非常接近大红酸枝的纹理表现，但缺陷也更为明显。前面我们说过，美洲木材因为其生长环境的因素，新切板材能在数天的时间里迅速氧化，而且随着时间流逝，表观灰蒙的现象非常明显。微凹黄檀在这点上非常显著。

《交融——两依藏珍选萃集》一书对红木有一些记载：1711年（康熙年间）西班牙牧师迪加度驻派菲律宾传教，记载了来自中国的海洋贸易商偏爱当地一种状似紫檀的硬木，亦称为tindalo。“在中国，他们都说tindalo是和银子一样按重量来交易的，而且价格媲美银子。他们以它制成珍稀的桌案和椅凳，也知道要以盐水经常浸洗以保存木头的血红色泽。假以时日，若不保养，颜色会转深，但光泽会更好。可以打磨表面，光可鉴人”。

由上可知，康熙年间红木已经传入中国，只是当时人们并不像今天这样细分其类属。

（4）白酸枝

白酸枝的颜色和纹理都接近黄花梨，是市场上替代黄花梨，甚至于假冒黄花梨的首选木材。白酸枝原材直径细小，取材率低。区分白酸枝和黄花梨首要就是白酸枝的密度大于黄花梨而不具备黄花梨的降香味。另外，白酸枝有非常显著的鸡翅纹理，通常有这种纹理的木材的木性都比较大，也就是说“脾气”比较大。具备此纹理特征的木材都会比较脆一些，加工时崩茬现象比较常见，打磨时也容易发生类似鸡翅木刺手的现象，这也为这种木材为细木作的操作带来了一些技术上的难度。很多遗留下来的白酸枝老货都普遍有变形的现象。白酸枝在所有具备鸡翅纹理的木料中，算是木性较好的用材。也可以这样认为，白酸枝是鸡翅类纹理的木料中最好的选择。另外，这种具备鸡翅纹的木料在自然使用中，偶尔因为鸡翅的崩茬对使用者造成伤害，所以，历来白酸枝家具多会采用做漆工艺来避免这个缺点（图4）。

深色系木料在制作成品时，工匠常常为了达到构件颜色一致的视觉效果，往往会采用勾兑深颜色的酒精将木器擦拭一遍；而浅色系的白酸枝，为了让构件颜色一致，常会采用过氧化氢来擦拭木材表面，将一部分深色斑迹色素氧化掉。

（5）花枝

花枝原材有很高的取材率，仅次于红酸枝。有些花枝的纹理也与红酸枝十分相似。花枝木材新切面的颜色可以介于白酸枝和红酸枝之间。花枝同样也具备类似白酸枝鸡翅纹的木质特征。木性也和白酸枝接近。在微凹黄檀没有进入中国前，花枝常被有些工匠用来掺假于红酸枝中以降低成本。早期在红酸枝的贸易中，掺杂花枝的现象也非常普遍。因为花枝底色介于白酸枝和红酸枝之间，花枝的新切材颜色就偏于一种蒙蒙的灰，又因其纹理比较混沌的原因，花枝长期以来就不受重视，在近年原料渐少的背景下，花枝才有了“咸鱼翻身”的机会（图5）。

2.传统意义的粗木工作与细木工作

（1）粗木工作

粗木是指那些木质纤维比较疏松的木材原料，也就是今天普遍认为的柴木。这类木材之所以称为柴木，是因为他都是就近取材，可以用来燃火烨灶。所谓粗木工作是指能使用的日常实木家具用器，这类家具只符合一般生活基本需要，所以选择原料的种类上就会很宽泛，可以就近取材来加以运用。这类家具的做工也不需要太多讲究，只要能使用就可以了。如在使用中损坏，因其价值不高，大多数情况就是重新制作。粗木工作的家具基本都是采用大母小公的榫卯工艺来对待，这类家具的

图4　白酸枝的鸡翅纹

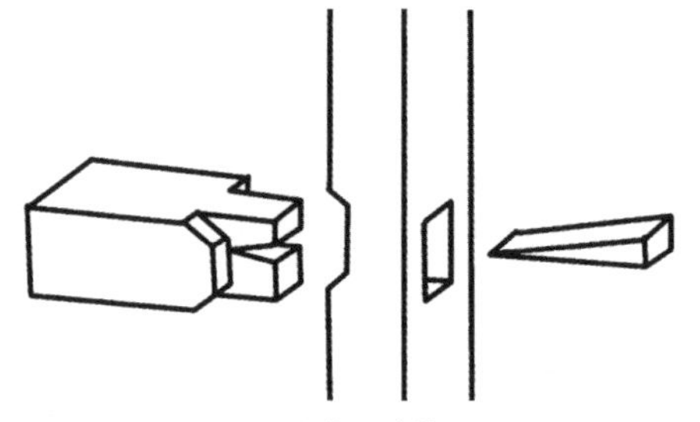
图6　木楔固定榫卯

图5　花枝纹理

构件结合不要求完美，比例不要求协调，更不会注重高层次的审美。通常做工时，将一头榫头插进卯孔，孔另一头用三角木楔打入，锯掉余出部分即可。粗木工作利用木材的弹性来实现相互间的配合。如果把粗木工作的工艺改变成严谨的细木工作，因为木质密度的关系，粗木工作的构件在使用中必然不能维持长期的紧密结合，更加容易发生脱榫现象，所以过去家训不允许孩童坐在椅子上摇来摆去（图6）。

（2）细木工作

细木是指木质纤维组织细密、比重较高的木材。细木家具工艺要求较高，制作过程是慢工细活，成本不菲，即使在旧社会也是中高层次生活水平人群消费的家具。因为木材密度的关系，这类家具如果采用粗木工作的方式来加工和组合构件，榫头往往会将卯孔胀裂。而细木工作要求榫卯之间的严密配合，木工经常利用木质纤维的断层毛茬来结合构件，当榫头顺茬敲打进卯孔时，熟练的木工会把榫卯结合的量加以放大，让榫卯结合逐步紧密，当榫头完全插进卯孔时，卯孔角度的细微回缩会把构件之间结合的力演绎得更加完美。成器后，外在给予的力量越大，则榫卯结合也就越紧密。例如细木工作演绎到极致的手艺：有些高水准的细木工作艺人，为了让这种工艺发挥到极致，会刻意地在榫头上镂出横向的棱来配合卯孔，有些类似于波浪形的阶梯，目的是为了让成器更加耐用持久（图7、图8）。

红木木材造就了中国红木古典家具以及传统家具文化。不同材质的家具就如同古典家具花园里的不同品种花朵，它们竞相绽放，争奇斗艳。然而，自然资源是有限的，愿我们的家具产业从业者能以有限的资源、用精湛的木作工艺创造出具有文化内涵的优秀家具作品，流传百世。

图7　木楔固定榫卯，结合面毛茬

图8　木楔固定榫卯，榫卯结合面的波纹棱

黄花梨的辨考

文/白发学童（齐超）

作为木材的一种，“黄花梨”这个名称已经被人们使用了几百年，这是一个约定俗成的叫法。但随着历史的发展、科学的进步和人们对新事物认识的不断深化，以及市场行为的规范等，“黄花梨”这个名称的含义也在相应地发生着变化，简简单单的一个名称，其实隐蔽着相对复杂的背景。

黄花梨在中国的海南岛以及东南亚的中南半岛北部越南、缅甸、老挝和泰国均有生长，但唯独我国海南岛出产的黄花梨木最好。现在我们所说的黄花梨就特指我国海南岛出产的黄花梨木而非其他地方所产的该种木材。

笔者用了8年的时间先后16次在海南岛实地考察黄花梨。根据调查了解到，黄花梨在海南岛的东北、西南和中部均有生长。黄花梨在海南岛东部主产区为：文昌、琼海、万宁三市县（目前只见幼树，成材的老树已经绝迹）；西部主产区：昌江（王下村）、东方、乐东、白沙四市县（目前尚有成年树木，胸径最大不超过20厘米）；中部主产区：屯昌、琼中两市县。

海南岛独特的热带季风岛屿气候为黄花梨提供了适宜的生长环境。从黄花梨的横截面看，年轮宽窄不同纹理清晰，材色深浅不一，两者或两种以上颜色相间，这是因其独有的气候影响黄花梨生长所造成的必然结果。炎热多雨的生长季节，其材质部分较宽，颜色稍浅，旱凉少雨的时期黄花梨停止生长，其木质部分材色稍深或很深。从纵切面上看，黄花梨的纹理似跳跃的溪流，移动的沙丘，和缓的山坡，弦切面更是尽现狸斑、鬼脸、伞形纹等多姿多彩的花纹。海南黄花梨木按颜色深浅可以分为浅黄、金黄、橘黄、红褐、赤紫、深褐等若干种，通过颜色的不同也反映出木材的比重、油性、气味的不同。颜色深则比重大、油性大、降香气味浓，反之颜色浅则比重小、油性小、降香气味稍淡。同一树木的材质越接近根部颜色越深，比重和油性越大，棕眼越小木质也越致密。海南黄花梨由于本身生长，特别是可用于制作家具的心材转换速度极为缓慢，也是造成其稀缺的要素之一。据林学专家周铁烽教授在海南尖峰岭的调查，天然林32年生树高16.5米，胸径22厘米。胸径年均仅增长0.687 5厘米，热带树木园栽培的20年人工林平均树高15.60米，胸径16.8厘米，胸径年均增长为0.84厘米，生长速度虽然比天然林快，但比起其他阔叶林树种也是极为缓慢的。有人说：“1958年到海南的老工人种的海南花梨到2005年心材有12厘米大了，并不需要300年（实际47年时间）。”这个正确吗？我们可用的木材是由边材不断转换为心材的部分。黄花梨的心材形成一般较晚，且转换速度很慢，新伐的一根人工林黄花梨直径12.7厘米，心材部分仅2.6厘米。按照这个比例来计算即2.6/12.7大约等于0.2，这就是说黄花梨的心材部分仅占原木胸径的1/5，那么此人所说的心材有12厘米大，那么原木至少要60厘米粗。按照黄花梨人工林树木胸径年均增长0.84厘米计算，60/0.84=71.43。由此可以看出至少也需要71年，况且树木的树干生长是越来越慢。因此上述说法显然是不符合常理的。

海南黄花梨木质地坚硬，棕眼呈“八”字形，纹理清晰美观，视感极好，有麦穗纹、蟹爪纹等，纹理或隐或现，生动多变。其本身有很强的韧性，不像酸枝木那样脆。在刨刃口很薄的情况下，黄花梨木可以出现类似弹簧外形一样长长的刨花，而酸枝木只出碎如片状的刨屑。海南黄花梨的稳定性非常高，在常见硬木材料中只有紫檀木可以与之相比。据检测，在北方干燥的冬季，伸缩率还不到1%，这也是黄花梨家具在历经百年之后，仍能完整地保留下来的原因之一。海南黄花梨木材锯解时降香气味芬芳四溢，回味绵长，沁人心脾，时间久则转为微香，一般是闻不出来的，只有在阴天下雨时才可以闻到淡淡的香味。该木材本身可以入药。用火烧海南黄花梨的木屑其烟发黑直行而上，而灰烬则为白色，燃烧时香味也比较浓。

再谈谈越南黄花梨，“越南黄花梨”是近些年才有的一个称呼，它是相对于“海南黄花梨”而言的。在没有出现“越南黄花梨”之前，人们一般认为，“黄花梨”就是指海南黄花梨。而今出现了“越南黄花梨”，那么“黄花梨”的概念就变得不那么单纯了，往往要加上海南或越南这一产地附加词。具体时间是在1996年以后，从越南荣市港转口至中国的一种浅黄色（也有红褐色）且纹理十分接近海南产的降香黄檀，被称为越南黄花梨。其实际上产于泰国、老挝西北部，缅甸和越南北部也有出产，只不过从越南转口入境而已，因此名称叫“越南黄花梨”。气味香中略微带酸，木材普遍发干，比重大小不一，颜色鲜艳，纹理层次较乱，与木材本色较为接近，植株粗大，普遍被大量用于冒充海南黄花梨而仿制成明式家具，做旧后更难以辨别。事实上，这种树木至今还没有名称，因为在国际最权威的木材志中查询不到这种树木。由于中南半岛北部地区与我国的海南岛地理位置相近，又基本是在同一个纬度上，所以越南黄花梨与海南黄花梨非常接近，尤其是产自越南东北部，与海南隔海相望地方的木材。因此，才造成有些商家把越南黄花梨充做海南黄花梨。由于木材鉴定机构只能做树种鉴定，而不能对木材确切的产地提供鉴定证明，那么，对商家的说法就没有人能够做出法律上的判定。消费者在购买产品时，只有根据经验进行判断，而其实这是很难的。笔者根据自身的经验分析，直观区别海南黄花梨和越南黄花梨绝非易事，有时候从气味上也不能准确判断，目前还没有绝对可靠的方法。

总之，越南黄花梨不如海南黄花梨木性稳定，即有的材质很好，有的材质较差。还应当说一点，越南黄花梨植株粗大的要比海南黄花梨的数量多，这不假。殊不知前几年进口到中国的越南黄花梨全部是大的方料和板材，没有一根圆木。这是为什么呢？原因是前几年越南有大径级的黄花梨，为了便于运输（装车、装集装箱、装船），不亏舱，所以都把它们锯成方料和板材。近一年以来，越南黄花梨的大料越来越少，如过再锯就剩不下什么了。再有，越南的木材商也知道海南料比越南料贵得多，于是把小径级的颜色深的纹理好的越南黄花梨先运到海南岛再转口卖到各地。有的充海南黄花梨，有的不充，这才有越南黄花梨圆木的出现，也是为什么现在市面上有这么多的所谓“海南黄花梨”新料的原因所在。

关于越南黄花梨木的归属问题，相关国家权威专家的观点也不统一。有的木材学家认为应归于豆科黄檀属酸枝木类，也有的认为应归入黄檀属香枝木类，但不能等同于海南产的降香黄檀。笔者认为其实问题并不像想象的那么复杂，海南黄花梨和越南黄花梨实为同一个树种，只不过是产地不同，所以环境不同、气候不同、土壤的条件不同，造成了木材本身的颜色、纹理和气味的差异。就好比橘子生于南方就叫柑橘，同样的种子拿到北方来种长出的就叫枳，两者天壤之别。再有，和田玉中的山料和籽料，这两种玉石的产地都是昆仑山脉，但是一种产自山上，另一种出自河边，这两种玉的质地和价格相差很多。“海黄”，顾名思义就是一定要产自中国的海南岛。不管是海南岛的东西南北中，只要是在海南岛土地上长出的黄花梨就是海黄。哪怕是越黄的种子种到海南岛的土地上长出来的也叫海黄。笔者了解到现在有人把海黄的种子拿到北京的暖棚来种，笔者认为在北京长成的不能叫海黄。而现在市场状况是海南黄花梨就是海南黄花梨，越南黄花梨就是越南黄花梨，越南黄花梨的价格涨得再高也不会影响到海南黄花梨的收藏价值，这也是物以稀为贵的缘故吧。好的越南黄花梨木料的质地要超过次的一般的海南黄花梨木料，因此我们要对越南黄花梨木要提高认识加强重视，不要人为打压越南黄花梨木的市场价值。在海南黄花梨日益稀缺的今天，上好的越黄家具还是非常具有鉴赏价值和收藏价值。

总之，笔者认为黄花梨木材只有从其本身质量角度有好次之分，不应当有产地之分。过分追求区别其产地而不看重其本身的材质的做法是非常片面的，也是没有什么实际意义的。

为此我们用照片来对上述观点进行佐证和说明。图1中上侧的料选自海南昌江；下侧为越黄好料（靠近根部）。图2中，上侧料选自海南文昌；下侧料为同色越黄料。两个料密度、油性、纹理颜色均接近。几乎无法进行区分。

图3中上侧料为选自海南省热水，下侧料为同色越黄料。图4中上面的一块料是笔者多年前在北京牛街的一家老房子修理时从扔出的破木头堆里捡的，当时这块板子被人用钉子与一块破红松木板钉到一起，上面还可以看到钉子眼。下面的是一根明黄花梨折叠式酒桌的腿子，是笔者2000年时在天津的沈阳道花所购，卖主说是草花梨的老家具腿。

笔者肯定的是，明清黄花梨家具所使用的木材有95%以上都是今天所说的越南黄花梨，尤其是重器，有的甚至是质地非常次的越黄料，绝非今天的海黄油梨料。

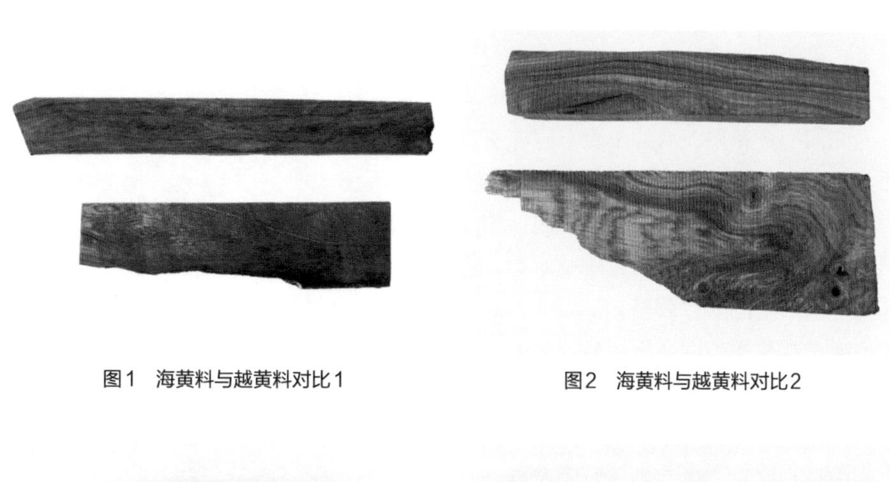

图1　海黄料与越黄料对比1

图2　海黄料与越黄料对比2

图3　海黄料与越黄料对比3

图4　明清黄花梨家具残片

跟帖：

文/渔民

明清家具所用的海南黄花梨是对的，由于明清时期交通运输问题，采用的大都是海南平原地带的黄花梨。海南平原地带的气候好，黄花梨木材颜色就差（浅），那时，几百年的大树基本上没有花纹了，所以特征像越南出产的黄花梨。现在是高山上的黄花梨气候差颜色好（深），所以现在的树木小，花纹就多。

跟帖：

文/白发学童

既然越南黄花梨确实存在，那么是什么时候被人们发现和作为家具用材开始使用的呢？目前说法尚不尽统一。一种说法认为它是新被发现的树种，近年才被使用。

但也有人认为它早已被使用在传统家具上了，而且北京故宫珍藏的黄花梨家具，有些就是用越南黄花梨制作而成的。理由是那些家具的板材很大，可见原材的直径很大，而海南黄花梨中极难找到如此大直径的原材，只有越南黄花梨才有可能。而且其颜色和纹理也极似。有关书籍的记载也有黄花梨产自海南、广西、北越（也称安南）的说法，因此推论，越南黄花梨早就用于家具制作了。

经过多年的分析研究，笔者的观点是支持后一种说法，论述如下。

笔者一位爱好古家具的朋友所言："许多明清家具图片上黄花梨的花纹确实与现在越南黄花梨的花纹很类似，有的还像草花梨。还有就是鬼脸一般较少，其实物在博物馆内可见。"事实的确如此，数年以前笔者就曾经注意到许多明清黄花梨家具所用的材质不论从颜色纹理还是棕眼和所谓的鬼脸，都与现在的海南黄花梨木样有很大差别。还有，王世襄先生《明式家具珍赏》一书中收录的一对明代黄花梨高靠背南官帽椅的后背板雕刻花纹的局部放大照片中可以清晰地看到，此家具所用的明代黄花梨木与现在我们看到的海南黄花梨相差甚大。再有，拿王世襄先生的另一部权威著作《明式家具研究》所展示的黄花梨木的木样照片与今天的海南黄花梨比较，不禁使我心中产生很多疑窦。

为什么会这样呢？对此笔者也曾咨询过许多当今古家具的研究专家，得到的答案大致相同。就是海南岛的黄花梨的产地分为东部平原丘陵和西部崇山峻岭，东部的黄花梨地处土质疏松的平原和丘陵，生长较快，一般树干较粗大笔直，木材颜色浅一些，棕眼大，纹理直，鬼脸少，油性差，密度小。平原和丘陵便于木材的砍伐和出运，因此明代的黄花梨家具多用产于海南岛东部的黄花梨木材。到明末清初时，海南岛东部的黄花梨几乎砍伐殆尽，相反海南岛西部的黄花梨生长在土质致密的山区，由于地势的原因得不到充足的阳光和雨水因此生长缓慢，树干较细且不直，枝杈丛生。木材颜色深一些，棕眼细腻，纹理富于变化，鬼脸多，油性重，密度大。鉴于山区不便运输，因此海南岛西部黄花梨的砍伐破坏要比东部小很多。而我们现在见到的海南黄花梨木几乎全部出自海南岛西部。

专家们所说的是很有道理的，但是仍然消除不了笔者心中的疑虑。有确切的史料记载，我国明代的黄花梨家具开始出现于隆庆、万历朝，也就是明朝的中后期，隆庆朝以前几乎没有黄花梨家具。这是为什么呢？隆庆朝以后为什么会出现这么多的黄花梨家具？直至清中期，黄花梨家具大约风光了200年。难道明隆庆以前就没有人认识海南岛的黄花梨吗？就没有人懂得用黄花梨制作家具吗？为此笔者曾走访了海南岛东部和西部出产黄花梨的地区，在相关人员协助下，经过详细调查并对东西部数种黄花梨真实木样进行近距离微观拍照。后把采集的木样照片进行了详细的对比，并把木样照片同越南黄花梨、泰国花梨木、明清家具的黄花梨木材样板和照片分别进行了详细的对比观察。此外，笔者还翻阅了许多图片资料，从中发现明清家具中使用的黄花梨木材也有类似我们现在所见到的海南岛西部产的深色油性大的品种，但是数量很稀少且器型较小，如木匣等。明清的黄花梨大件重器几乎没有一件使用深咖啡色的油梨。

经过认真研究，笔者得出如下结论：

（1）海南岛东部的黄花梨虽比海南岛西部的黄花梨颜色浅、棕眼大、纹理直、鬼脸少、油性差、密度小，但是并不像专家们所说的那样相差悬殊。

（2）用现在海南岛东部的黄花梨木样照片与明清家具的黄花梨木材照片进行对比后也发现了很大的不同，就是明清家具所使用的黄花梨木材的棕眼和纹理比现在海南岛东部的黄花梨木还要粗很多。

图5为《明式家具珍赏》一书中所收录的一对明黄花梨高靠背南官帽椅的靠背板花纹雕刻的局部放大照片。从中可以清晰地看到此家具所用的明代黄花梨木的粗大的木丝棕眼，与现在我们看到海南黄花梨相差甚大。

图5　圈椅后背板雕刻花纹局部
（图片来源：王世襄《明式家具珍赏》）

（3）明清家具所使用的黄花梨木材与越南香枝木和泰国花梨木进行对比后，发现棕眼、纹理和颜色有许多相似之处。

（4）味道方面，明清家具所使用的黄花梨木材的味道比现在海南黄花梨木的味道要刺鼻一些，与越、泰黄花梨木味道接近，但是越、泰黄花梨木稍微酸一点。

通过以上结论，笔者认为明清家具所使用的绝大多数黄花梨木材是产于今天越南、缅甸、泰国的香枝木，而非常少的一部分小件使用的是我国海南岛东部和西部产的降香黄檀。在文博大家杨耀先生的著作《明式家具研究》（第二版）第9页中写道：“明代中晚期，由于社会经济空前发展，海运发达，东南亚一带的木材如黄花梨、紫檀、鸡翅木等输入我国以及我国自产的优质木材，这些制造高级家具的木材，质地坚硬，纹理美丽，色泽柔润……”这些内容也充分说明了这一点。原因还有，明隆庆朝以前几乎没有人认识海南岛产的黄花梨是上等的木材，其中包括海南岛当地的少数民族居民。史料中虽有唐宋时期我国海南岛出产所谓“花榈”的记载，但是笔者认为那是与现在的海南降香黄檀不同的一种木材。也可以说明隆庆朝以前根本没有人认知海南岛的黄花梨木，更没有人用其制作家具（或许还有其他方面原因）。公元1567（隆庆元年）年以后，越、缅、泰等东南亚的大量香枝木进入我国，这种木材的优良品质很快得到了上至皇家朝廷下至达官贵人的认可和钟爱，于是造成之后黄花梨家具大量盛行。由于对黄花梨木的需求量日益增大，在此期间经过人们的寻找发现我国海南岛的某个树种（就是我们今天所说的降香黄檀）与当时所普遍使用的黄花梨木有非常相似的品质甚至超过黄花梨，只是树木要么不粗不直，要么粗大者普遍中空，难取大材，难成大料，只能做小器。我们今天所见到的海南降香黄檀直径超过10厘米的原木尚有许多中间是空心，那就不用说再粗大的树木了，树形笔直且实心大料可破独板者更是凤毛麟角。再有，我们现在见到的海南降香黄檀原材都是不粗的原木和树根，且中间空心的较多，从没有见到过大板和实心大方料，而现在市场上的所谓越南黄花梨原材都是大板和实心大方料，从没有见过原木。那么明代的黄花梨大条案、大顶箱柜等重器的宽大厚重的独板从何而来？罗汉床等床榻超过大碗口粗的床腿整木从何取材？明代黄花梨家具重器木材上的直直的条纹和粗大的棕眼又如何解释呢？一系列问题还有待研究。

观珠辨黄——全方位带您认识海南黄花梨

文/Wubing（伍斌）

本人自2006年开始接触海南黄花梨至今，通过了多年一线收料的亲身经历和长期的实践加工，总结出了一些经验和个人心得，分享如下。

一、海南黄花梨之油梨和糠梨

我们俗称的海南黄花梨并不是说海南黄花梨树，类似于我们说的沉香并不是沉香树一样。海南黄花梨树横切后可看到树有三层：树皮、白木和格，如图1。平时我们见到的一般树组织是两层——树皮和白木。海南黄花梨树心长成的格，才是海南黄花梨。糠梨叫黄格，油梨叫油格，新料叫嫩格。油梨一般颜色较深，油性和密度比较大，有的密度大于1g/cm^3，沉于水。糠梨一般颜色较浅，油性密度比油梨稍差。

有的新料因为成格时间不够，会出现格和白木混杂的情形，民间俗称“五花肉”，如图2。

图1　黄花梨原木截面

图2　格和白木混杂的“五花肉”

海南黄花梨的格，是由白木慢慢成长转化而成的，因为转化的时间关系，也经常看到有的料存在油梨和糠梨共存的现象，如图3。

海南黄花梨树在整个海南岛都有分布。在山顶、山腰和平地长出来的海南黄花梨材质各有区别，主要是源自树在生长过程中所处气候条件和汲取的养分不同导致。

海南黄花梨号称十年长一格，在不同的环境，形成的格形态也不同。环境恶劣的山区生长的很多是油梨，平地上生长的一般都是糠梨。当然也有不易区分出的既像油梨又像糠梨的材质，如图4。这些都是一个大概的概念，没有一个严格的区分界限。明代传世家具较多使用糠梨，尽管当时也有油梨，但没被大范围使用，其原因可能一是当时住所光线不好，不易体现出油梨的美；二是糠梨相对料更粗大，更适合制作家具，而油梨大料较少；三是古代海南岛地处偏远，交通不便，而当时糠梨主要是在平地生长，更易于开采外运。

近几年来，油梨被疯狂推崇。其实青菜萝卜各有所爱，不必纠结哪个更好，对眼缘的就是属于你的最爱。

图3　油梨和糠梨共存

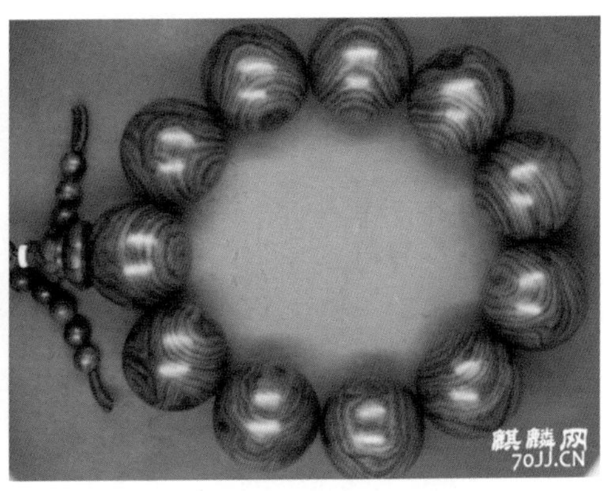

图4　既像油梨又像糠梨的材质

二、海南黄花梨的颜色和纹理

图5为海南黄花梨老料紫油梨鬼脸。鬼脸手串一般只有小枝料才有可能做得出来。稍大的料也只是取心材部分做出鬼脸珠子。

图6为顺纹老料紫油梨。顺纹手串一般都是大料破开做成的手串。

糠梨的纹理一般来说要比油梨清晰，底色比较干净，花纹较好。油性密度比油梨稍差些，如图7。

也有黄花梨材质介于油梨和糠梨之间的颜色（图8）。这种情况一般在老料里见得较多。

图9中的这个手串看似油梨，但严格意义上来说是糠梨，底色浅，没有油梨的油性和厚重感。

图10为油梨顺纹，也是大料开出，纹理紧密度合适。纹理太密或纹理太疏，都没有这种行云流水的效果。

图5　海南黄花梨老料紫油梨鬼脸

图6　顺纹老料紫油梨

图7　海南黄花梨糠梨

图8　材质介于油梨和糠梨之间的颜色

图9　严格意义上的糠梨

图10　油梨顺纹

黄花梨最受推崇的是老料紫油梨（图11），黑筋明显，这样的料，油性和密度都是最足，属于顶尖的料。

海南黄花梨做的手串论价值一看油性，二看瘤疤，三看花纹。瘿瘤手串多被玩家视为珍品（图12）。瘿瘤是树木生长过程中发生病变形成的，相对比较少。物以稀为贵，所以瘿瘤手串市场价格较高。

珠子越小，越难显示出花纹。图13是直径8mm的海南黄花梨108颗瘤疤念珠。

图11　老料紫油梨

图12　瘤疤手串

图13　直径8mm的海南黄花梨108颗瘤疤念珠

海南黄花梨黑油梨（图14）。材质颜色非常深，表面看不到什么花纹，有顶级的油性和密度，盘玩较难，稍不注意颜色就会变得比老紫檀还深。这种料比较少，材质细腻看不到棕眼，不是现在市面上那种颜色深的棕眼很粗的料子。

海南黄花梨阴沉木（图15），这种料原来偶尔也能碰到，香味不是常规的降香味，而是一种特别的香味，有一点陈腐的味道，打磨表面呈深褐色。这种料是用钩机清理河道或是挖掘潮湿泥土挖出来的。这种料有两种，一种密度小，不沉水；另一种密度大，沉水。

油梨和糠梨共存（图16），表面一半是深色油梨，一半是浅色糠梨，这种手串也叫阴阳串。

糠梨新料，油性和密度都不如老料（图17），看点是花纹。新料最大的特点是常见裂心。

海南黄花梨老料细顺纹油梨算是比较好的老料（图18），油性密度、荧光和新料对比鲜明。

海南黄花梨老料糠梨细水波纹（图19），有的也叫缎子纹。这种珠子取料自料的弯曲部位。

海南黄花梨老料糠梨粗水波纹（图20），与图19细水波纹的对比，可发现其特点。

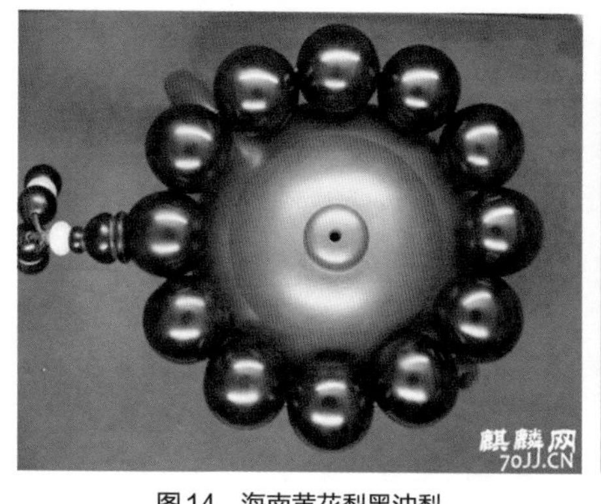

图14　海南黄花梨黑油梨

图15　海南黄花梨阴沉木

图16　油梨和糠梨共存（阴阳串）

图17　黄花梨糠梨新料

图18　黄花梨老料顺纹

图19　黄花梨老料糠梨水波纹料

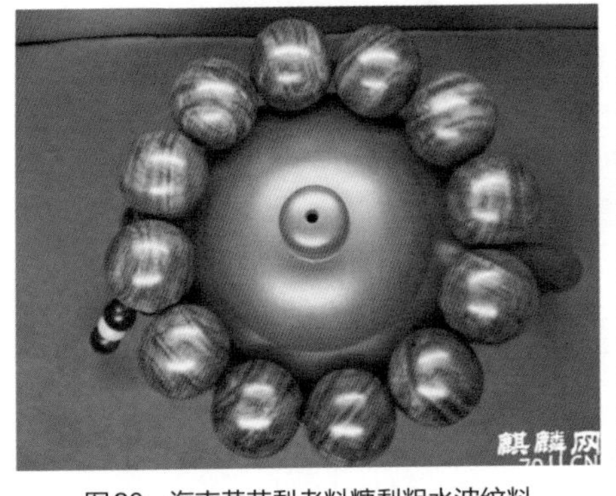

图20　海南黄花梨老料糠梨粗水波纹料

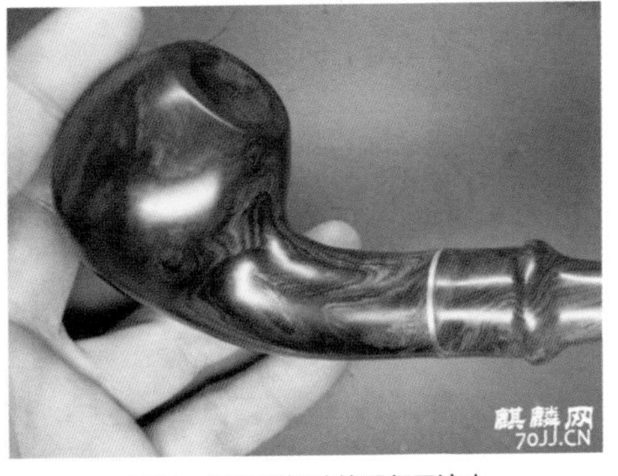

图21　黄花梨烟斗纹理行云流水

图22　海南黄花梨手球

图23　海南黄花梨平安扣

图24　海南黄花梨瘿瘤净瓶

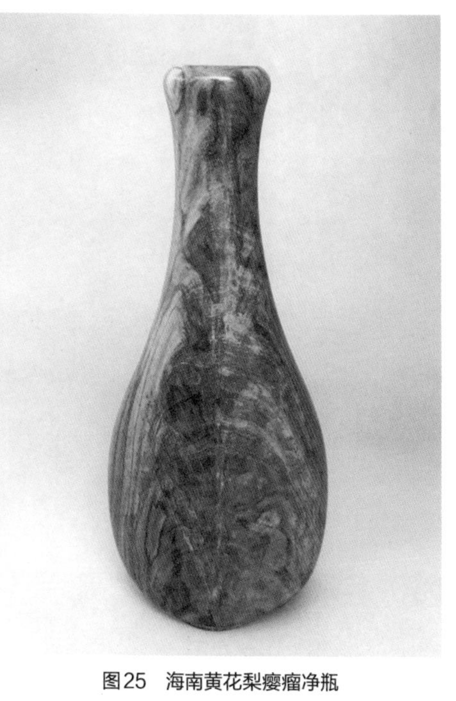

图25　海南黄花梨瘿瘤净瓶

海南黄花梨色彩的变化极其丰富诡异，而且有属于自己的特点，往往色彩随着纹路都会有大拐弯式样的变化。同一棵树也能展示出不同的色彩，在树的不同部位会有不同的颜色表现，总是给人惊喜和新奇，这也是海南黄花梨让很多人痴迷的一个原因。色彩大致的变化范围在黄到黑之间渐变。在这范围内常有红色和紫色的跳跃点缀让整个色彩异常丰富。这让海南黄花梨在色彩和纹理上确定了每块木料的唯一性（图21～图25）。

三、海南黄花梨的棕眼

棕眼也就是我们常说的“毛孔”，由其导管形成，类似于人的血管，其功能是为树木输送水分和养分。但凡是木头就一定会有棕眼。同一颗黄花梨树，所长的格在树杈、树干、树根不同位置形成的花纹和毛孔粗细各有不同。一般来说树干粗壮，毛孔相对比树枝要粗。老料毛孔比新料的要粗，大料的毛孔比小料的要粗。这就好比一个人，大人的血管比小孩的要粗，老年人的皮肤没年轻人的光滑一样。老料的水分基本已经蒸发到了木性稳定的状态，水分蒸发后，木头会相应收缩，毛孔会相对更加显现，新料反之。

上百年的老家具料，经常看到棕眼粗大清晰。北京故宫呈列的很多黄花梨家具历经数百年，表面的麦穗纹（即棕眼）非常粗大。

图26是一个老料糠梨的扳指，手感温润，外表面可见轴向平行排列的白色导管

（即棕眼）非常粗大，清晰显著。图27是一个无事牌，正面选取了木材斜向的弦切面，可以看到斑斑点点的黑点，就是棕眼。

四、海南黄花梨的水波纹

水波纹的形成是木头在生长过程中承受树的重量的挤压，或受外力的影响产生扭曲所形成的。水波纹形成部位的木料，往往密度较好。

水波纹往往纹理更富于变化，令人回味无穷。

密集型水波纹，对视觉往往更具有冲击力。图28的手把件上因为水波纹的存在而显得美丽优雅，格外可人。图29的水波纹手串也是手串里的上品。

图26　老料糠梨扳指

图27　黄花梨无事牌

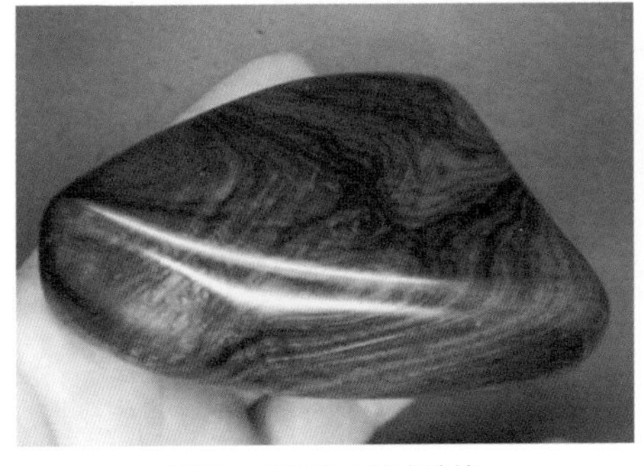

图28　手把件上的水波纹

图29　满布细水波纹的黄花梨手串

五、关于海南黄花梨珠子的裂心问题

一般新树枝料做的珠子，也就是带鬼脸的珠子，年轮心，也就是打孔的位置多数都有裂心，有的裂心小，只是在打孔处有一点点裂心，珠子正面看不出来。有的裂心大，会穿透中心，显现到珠子表面上来，如图30。新料的树头料开出的珠子则不会有裂心，裂心情况只相对于树枝料而言，其他部位的料，基本上不存在裂心。老树枝料裂心相对少。裂心在处理方法上一般会点胶后打磨处理，处理好后，会呈一条黑线，裂纹一般不会再继续加长。

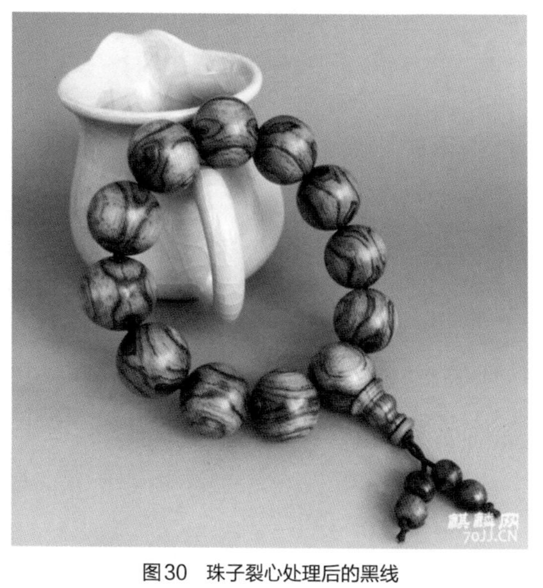

图30　珠子裂心处理后的黑线

六、关于海南黄花梨的沉水料

海南黄花梨的气干密度平均在0.83g/cm³左右，有的密度稍差的料，气干密度在0.65g/cm³左右。海南黄花梨料一般不沉水，个别海南黄花梨油梨密度很大，气干密度大于1g/cm³以上就能沉水。这种料一般颜色较深，棕眼较细，花纹以粗黑条纹居多，油性足，质感好，多为前面说的紫油梨料，较少有糠梨那种细密清晰夸张的花纹，如图5、图31、图32。

手串并不是只有油梨才会沉水。沉不沉水和油性无关，和密度有关。当然油梨的密度相对来说比糠梨要好。糠梨是在生长环境恶劣、成长缓慢的情形下所成材的，密度都非常好，也会沉水。图30就是材质、油性和密度一流的沉水料海南黄花梨手串。

图33和图34则是纹理相对比较清晰的糠梨沉水料，纹理紧凑。一般纹理越密，珠子密度越好。

七、海南黄花梨的水线

海南黄花梨水线是木头在生长过程中，受外力破坏受伤后，雨水渗入裂缝，经过长时间的生长后，树体会把受伤的部位重新包裹住后，再生长成一体。被包裹住原受伤的部位最后形成木结或瘤体，因受伤后生长的时间不够，内部有时候存在缝隙，并不是一个结实的整体，瘤体和瘤体间疏松本质所相连的结合部位，称之为水线，水线附近通常会发黑。水线部位一般的补救工艺上是点胶加固处理，使之在以后不再开裂。水线也算是天然的瑕疵，如图35、图36。

图31　老料紫油梨手串

图32　老料紫油梨108颗8mm念珠

图33　海黄糠梨沉水料

图34　海黄糠梨沉水料

图35　瘤疤周围的水线

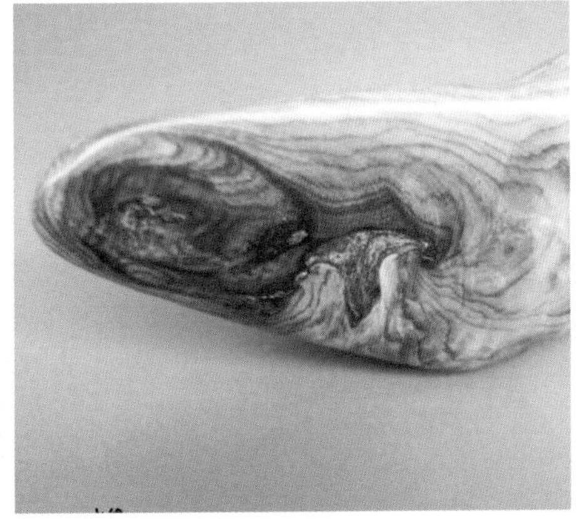

图36　瘤体发绵组织周边水线

八、海南黄花梨瘿木

海南黄花梨的瘿木是根部生长过程发生病变后所形成的。树长到一定的年龄，有的生病部位，结成瘤疤，谓为瘿木。海南黄花梨瘿木比其他树的瘿木更稀少，因而更加珍贵。海南黄花梨饱含降香油脂，很少会受到细菌感染，但是偶尔也会出现病症，形成瘤疤。当某个部位生病的时候，所有养分都会集中到这里，故此处密度极高，花纹变化也会异常丰富。瘤疤料是海南黄花梨中最为稀有的，市场上也是最有价值的。只是瘤疤料市场罕见，大部分人都不认识什么叫作海南黄花梨瘤疤，所以商家也无法炒作。现在市场上瘤疤料价格已是天价了。图37为一座遍布瘤疤，花纹诡异多变，造型独一无二的海南黄花梨瘤疤根料雕件。

图37　海南黄花梨瘤疤根料雕件

九、海南黄花梨新老料的区分

海南黄花梨老料一般指的是老家具料、老房子构件料、老工具料、从地下挖出的表面已风化不带白皮的根料、成材的树砍下后存放20年以上的料。没成材的油性密度差的新料，就算砍下存放20年以上也不能算是老料，老料也会以油性和密度为基础，并不是放得时间长就是老料。图38、图39为海南地区农家常见的砍柴刀挂架和木工刨子，属于典型的海南黄花梨老料。

海南黄花梨新料（图40），虽然花纹不错，但油性和密度稍差，材质上没有老料那种温润感，另外它没有海南黄花梨老料那特有的醇香味，味道有点发酸。海南黄花梨干料（图41，存放时间大于7年）的花纹和颜色没有老料沉稳，香味也是发酸。

图38　砍柴刀挂架

图39　木工刨子

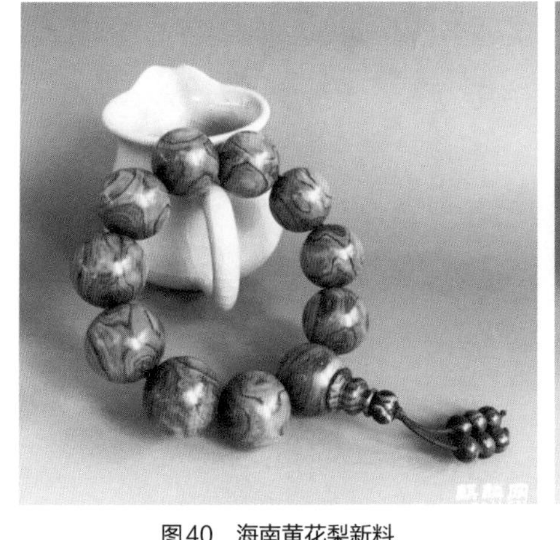

图40　海南黄花梨新料

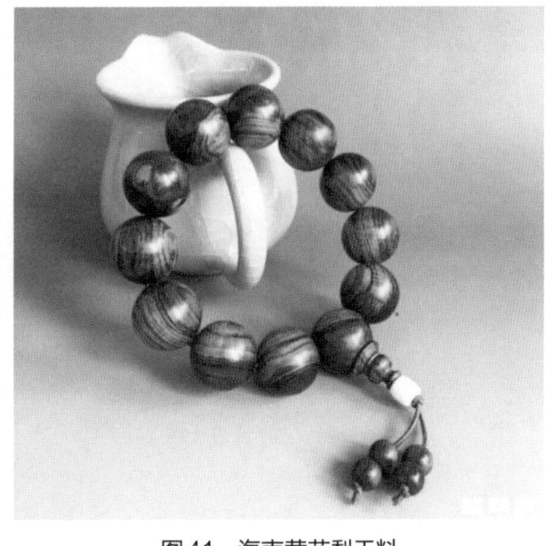

图41　海南黄花梨干料

十、海南黄花梨对眼珠子的制作

很多海南黄花梨手串的玩家，都喜欢对眼的珠子，特别追捧那种颗颗对眼的海黄手串，导致市场海南黄花梨对眼手串的行情基本上都是天价。甚至那些新料乃至夹白皮的珠子，只要做成对眼，价格也立即上升10倍。在很多玩家眼中，对眼海南黄花梨俨然代表了极品。实际上，通过对眼海南黄花梨珠子的制作流程（图42、图43）看到，对眼珠子的产生，其实并不难。顺着树心的垂直方像开料，让打孔的中轴适当地偏离树心，就能做出规整的对眼珠子。对眼珠子从制作工艺上来说有诀窍，但工艺并不复杂，难度也不高。注意图43中木块上的白圈，钻孔位置的圆心是偏离树心的诀窍就在于此。

既然对眼珠子的制作工艺并不困难，那么海南黄花梨对眼手串的天价是商家噱头加上玩家追捧出来的吗？事实也不完全是这样。品相完美的对眼手串的确难得，但是难的不是在制作工艺，而在于合适的原料确实难求。一来只有细的圆枝料才有可能出对眼珠子，大料破开是不可能出对眼珠子的；二是老料难寻，新料和人工林不在此类。老料有老料的价，新料有新料的价。可是一些商家出于盈利目的，不管是老料，还是新料，不管无裂无补还是胶补裂心，做出的对眼一律按老料并且品相完美的价格来出售。另外，很多不明就里的玩友也对对眼珠子盲目追捧，只要求对眼，不看材质，不查品相，所以才导致市场上海南黄花梨对眼手串的价格居高不下。海南黄花梨的魅力主要在它密致的油性、温润的质地和行云流水的纹理，而不仅仅在于对眼，只要料子合适，酸枝、紫檀柳乃至其他的杂木都可以做出对眼的手串。

图42　对眼串珠
（图片来源：淘宝木艺香）

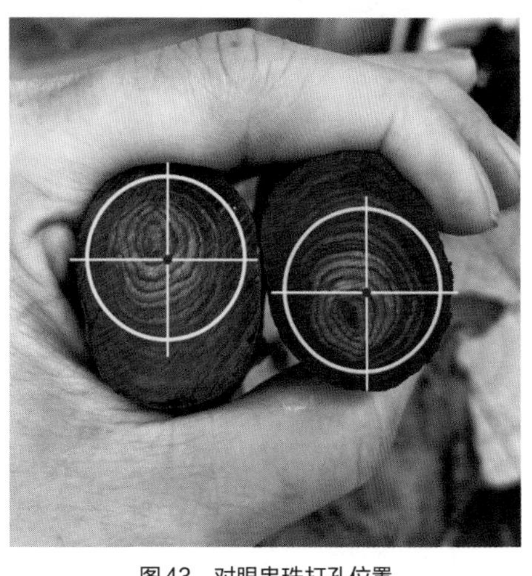

图43　对眼串珠打孔位置
（图片来源：网络）

十一、海南黄花梨的香味

海南黄花梨老料的降香味是一种闻过就无法忘记的味道，闻起来非常舒服，让人沉醉，并疯狂地喜欢上它。但什么是降香味？只从文字上看是很抽象的，如果没有闻过，就不会知道降香味是什么味道，只有真正地闻过以后，它才会在你的脑海里留下记忆。看教科书上讲，海南黄花梨是香甜味，越南黄花梨是辛辣味，但等到投身实践中，大家就会比较迷茫了。原因是：

（1）同一棵树，根料和枝料的香味会有不同。一般根料油性和密度要大，香味更加浓郁。

（2）油梨和糠梨味道也有所不同。相对来说，油梨香味浓郁持久，糠梨香味清香易失。但有的糠梨的香味也清香扑鼻，经久不散。

（3）放置的时间长短不同，香味也有所不同。新伐树的味道和它放置一段时间后的香味也不同。

（4）有很多原来被遗弃山里的海南黄花梨老料，表面没有香味，下锯后却奇香无比。而现在新料味道发酸，和老料有很大的区别。

十二、海南黄花梨上手后闻不到香味的原因

（1）海南黄花梨香味不可能像香水那样浓，也不能和沉香相比。海南黄花梨香味是淡淡的香味，要近距离耐心地闻。它只是在刚开料时，香味浓郁扑鼻，时间长了，表层味道就挥发了。

（2）可以通过密封、快速搓揉、适当加温等方法来让味道重新积攒或散发出来，就容易被闻到。一般海南黄花梨做的盒子或密封容器打开后就香气浓郁。火烤或用400目的粗砂纸打磨也可以，但会有破坏性。

（3）串珠盘玩久了会形成包浆，表层形成氧化层，味道就被封住了。老的海南黄花梨家具和老料，有时候也需要在不起眼的地方，用刀刮掉表层后来确认味道。

（4）珠子经过高速带蜡抛光，表层蜡把味道封住了，盘玩几天后也能闻到味道。有时候所谓专家闻不到味道，但一些和海南黄花梨常年打交道的师傅却可以轻易分辨出来。经常游走在一线的木料商能根据外皮来判定海南黄花梨和越南黄花梨，这也是靠多年经验形成的专业技能。

十三、盘玩海南黄花梨手串的方法

海南黄花梨的木性稳定，油性高，韧性好。我们在盘玩的时候，就根据它的这些特性，有针对性地去盘。大家都知道，手串到手后，先用棉手套盘玩一周左右，再上手盘，这是为什么呢？用棉手套盘的最终目的，就是给珠子做最后的精细抛光。原先抛光度差的珠子要盘久一些。用布盘到有一定的光亮度后，可以直接上手佩戴并盘玩。每天盘玩一个小时左右就够了，之后抽出5～10分钟的时间用软布去盘一下手里的珠子，目的是把珠子表面一天所沾的污渍去除干净，这样的珠子盘出来晶莹剔透。需要注意的是，手脏、手潮或有汗的时候不要盘，那样会盘黑珠子、盘脏珠子，使珠子表面没有光泽。盘玩时如果手发黏、没有滑润的感觉，就说明手潮了，要停止盘玩。用布盘珠子，珠子会越来越亮，颜色基本上也不会加深，形不成真正的包浆。包浆是用手盘出来的，手盘珠子颜色会变深。想出包浆，可以用手盘和布盘相结合，手盘时要保持手的干燥、干净。珠子在悠闲时盘，而不要为盘而盘。盘玩珠子，需要时间和耐心，心急不得。

十四、海南黄花梨和越南黄花梨的区别

关于海南黄花梨和越南黄花梨的区别，以下仅做简单说明。

由于海南和越南在同一个纬度上，地理位置相近，所以海黄和越黄材质十分接近。如何对海黄和越黄进行识别，一般可参考下面几点：

（1）相对而言，海黄毛孔细，材质细腻温润，摸起来手感好，就算是毛孔大，手感也粗而不刺。海黄油性较大，光泽度较好，温润如玉，在自然光下，打磨后的海黄经常有半透明的感觉。越黄材质相对来说要粗一些，油性相对差一些，显得发干发涩，摸起来手感不够温润。

（2）海黄的味道属清香，闻了让人赏心悦目；越黄香味较浓，带些许刺鼻酸臭味。

（3）纹理上，海黄相对鬼脸较多，纹路流畅，纹理清晰，生动多变；越黄的鬼脸相对少些，纹理松散，花纹底色显脏乱，没有行云流水的感觉。

图44　越南黄花梨木茶壶

（4）颜色上二者也有差别。一般来说海黄颜色要深一些，底色比较干净，越黄的颜色浅一些，以浅黄纹理夹黄丝为多。荧光方面，海南荧光相对含蓄些，越黄的荧光比较张扬。

图45　媲美海南黄花梨的越南黄花梨手串

（5）从材料上来看，越南黄花梨树材直径粗大，海南黄花梨直径普遍较小，现在见到的越黄心材直径大的有40厘米，甚至更大。而海黄以前见过的直径20厘米以上已算是大的了。另外，大家容易以偏概全，认为花纹好、毛孔细的即为海黄，其实不然，海黄也有油性密度差、毛孔粗的材质，越黄也有油性密度和花纹极佳的材质。极品的越黄并不比海黄差。

图44是一把的越南黄花梨木壶，图45是一个越南黄花梨手串，两者无论在花纹、颜色、油性、密度、荧光各方面都不比海南黄花梨差。

十五、目前市面上冒充海南黄花梨的材料

（1）**紫檀柳**：材质细腻，密度非常大，不管颜色深浅，入水就沉，打磨没有香味，油性差，线条纹理单一，花纹底色过度生硬缺乏变化，多以鬼脸、对眼的手串出现，对眼呆板，我们叫作死鱼眼，形容得很生动。紫檀柳和黄花梨最明显的三点区别：①紫檀柳的颜色大多带有紫色，黄花梨只有一些紫油梨料才有紫色；②紫檀柳气味没有黄花梨的降香味。③绝大部分紫檀柳比重大，入水即沉，而绝大部分黄花梨不沉水，只有一些油性足的沉水。掌握这三点，基本就可以区别紫檀柳和黄花梨，如图46、图47。

（2）**藤香木**：又叫缅甸黄花梨藤香木，产于越南、老挝一带，纹理和黄花梨很接近，油性密度也接近，味道相近，常常具有蜘蛛纹、芝麻点、瘤疤、鬼脸等多种图案，可以说是与黄花梨最难区分的木材。一般从下面两点来区分。①藤香木有些有降香味，但是味道带臭青味道，有些带些奶香味，有些则无味；②藤香木底色和条纹反差较大，黑筋突兀，纹理杂乱无序扭曲，而黄花梨底色和黑筋反差较小，纹理清晰，有序干净。藤香木的密度比黄花梨稍大，原材在市场价格与黄花梨相差至少10倍以上，市场上很多低价的所谓黄花梨制品都是藤香木冒充的，如图48～图51。

（3）**印度紫花梨**：心材多紫褐色、紫红色，少量黄色、黑色或紫色、墨绿色条纹。原木砍伐后，颜色会由两端向内变深。木材在阳光下暴晒，颜色可变淡。

紫花梨很像海黄紫油梨，密度高于海黄，通常浮于水。质地却没有海黄油梨那种质感，无降香味，具有淡淡的蔷薇香气及辛辣气味。纹理比较松散，线型粗野，木纤维明显，表层棕眼比较多。紫花梨串珠如图52、图53。

（4）**紫油木**：也叫虎斑檀、清香木、广西黄花梨、贵州黄花梨、细叶香，产于云南、广西、四川、西藏和贵州等地，以云南文山县为著，其花纹色泽极为美观，上品可媲美黄花梨，材质硬重，难以加工，密度极大，入水秒沉，干后尺寸稳定性好。该木材生长缓慢，早期被用来代替红木制作家具和工艺品。新开心材显黄褐色，久则成暗红褐色或紫红褐色，常见虎斑状黑色条纹。紫油木制成手串，也可以看到鬼眼、山水纹、对眼纹等常见的黄花梨花纹。与黄花梨的区别：①底色与条纹颜色对比反差比黄花梨大；②黑筋条纹较宽横向晕开，类似虎斑，黄花梨大多黑筋很少，而且条纹比较清晰；③香味类似花椒与柑橘混合的清香味，与黄花梨的降香味区别明显，如图54、图55。

其他相似的材质还包括：奥氏黄檀（白酸枝）、微凹黄檀（酸枝木）、交趾黄檀（大红酸枝）、安达曼紫檀等，这些木材属于比较常见的红木家具制作材料，与黄花梨区分相对比较容易，不再赘述。

以上仅供参考，多看、多实践，总结经验才是最好的方法。

图46　紫檀柳手串
（图片来源：网络）

图47　紫檀柳原料截面
（图片来源：网络）

图48　藤香木原木截面

图49　藤香木手串
（图片来源：网络）

图50　酷似越黄的藤香木手串
（图片来源：网络）

图51　藤香木手串
（图片来源：网络）

图52　紫花梨手串
（图片来源：百度贴吧用户_QZEV1G3）

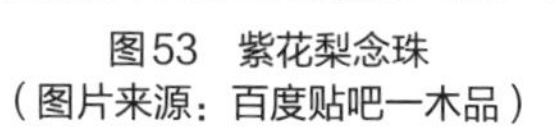

图53　紫花梨念珠
（图片来源：百度贴吧一木品）

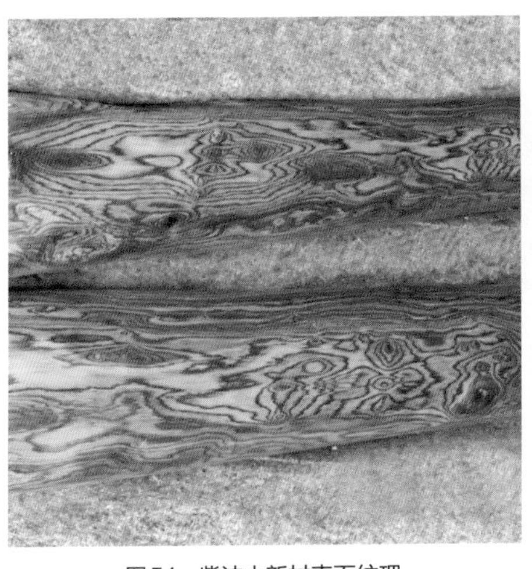

图54　紫油木新材表面纹理
（图片来源：百度贴吧小陈工艺）

图55　盘玩后的紫油木手串
（图片来源：百度贴吧lqy石之缘）

海南黄花梨生长记录

文/浮生江海客

根据专业观点：影响树木品质的因素，包括水、土壤、空气和种子等方面。业界普遍认为：海南因中部五指山脉影响，东部多雨，西部少雨。这常常被认为是造成海南岛西部花梨木的品质好于东部的原因之一。原因之二则是海南西部的昌江等地土壤含有的丰富石灰岩、铁矿石等矿产对树木生长的影响。

海南黄花梨树木的生长速度和气候、土壤环境等有关，为此，我做了一个黄花梨种植对比实验，发现同样气候下，土壤的影响非常明显。

以下种植的地点是广东省茂名市区，土壤环境是露台上安放的超过20厘米厚的普通土层。可以这样说，当地气候比海南好，雨水比较充足，土壤肥力一般。在这样的环境下，海黄的生长速度如何？

树苗是2014年4月份买回来的，每半年上传一次图片并记录树木生长情况。

1. 2014年12月15日记录情况

第一棵：种植在露台花池，高不足1.2米。

第二棵：种植在花盆里，主干有截枝，高43厘米左右。根径比第一棵明显小，如图1、图2。

图1　第一棵　　图2　第二棵

2. 2016年9月9日记录情况：树龄约3年

第一棵：种植在花池里，总高2.2米左右，地径25毫米左右，胸径13毫米。

第二棵：种植在花盆里，总高2.6米左右，地径27毫米，胸径17.5毫米。

本次测量小结：

种植在花盆里的树苗后来居上，长势更好，直径比种植在花池里的大3毫米左右。两者都是薄层土，花池土壤含沙多，肥力较弱，花盆土壤含泥土多，肥力较好，可见土壤的肥力直接影响生长速度。

3. 2017年6月12日生长记录：树龄约4年

第一棵：总高约2.7米。地径35.3毫米，胸径24.4毫米。日照时间较少，叶子颜色较深（图3）。

第二棵：总高约2.5米。地径30.8毫米，胸径20.5毫米。日照时间稍多，叶子颜色较浅（图4）。

图3　第一棵　　图4　第二棵

将两棵树苗生长的高度与胸径随时间变化的情况汇总，见表1。

表1　树高及胸径记录

	2014年12月15日	2016年9月9日	2017年6月12日
第一棵（花池）总高	1.2米	2.2米	2.7米
第二棵（花盆）总高	0.43米	2.6米	2.5米
第一棵（花池）胸径	—	13毫米	24.4毫米
第二棵（花盆）胸径	—	17.5毫米	20.5毫米

其他经验分享（梵方轩）：

盆里的和实际地里的因素差距很大，图5是海南西部尖峰岭山脚下自然生长的，土壤环境偏酸性土，生长周期极慢，5年胸径才为5厘米，把这些自然生长的树木移植到养植袋里，两年的胸径就多了3厘米（图6）。

图5　自然生长的黄花梨树

图6　移植到养植袋里的黄花梨树

快速种植黄花梨的论题

文/战狼典雅 Shangpin　编辑/大本

大家都知道黄花梨原材已经枯竭，于是业内人士想能否通过人工种植的方法种植黄花梨，并将之复兴。

实际上，人工种植不但有人做，而且规模还不小。根据国内著名红木专家周默在其著作《黄花梨》中给出的数据可知，截至2013年底，在海南省当地政府的支持下，海南多个市县已经有1500万株人工种植的黄花梨树，见图1、图2。

图1　黄花梨人工林
（图片来源：网络）

图2　降香黄檀
（图片来源：网络）

我们经常可以听到黄花梨爱好者传来的消息，说人工种植黄花梨最快30年就可以成材。这种说法引起了很多争议。网友战狼典雅的观点颇为普遍。

战狼典雅认为：有人从种植现场发声说，黄花梨种植实际上30年就可以成材。暂且不去探究这个结论的对错，我只想到即使黄花梨人工种植30年真能成材，但成材之后呢？

其一，如果黄花梨种植30年就能成材，那它和杉木或榆木有什么分别？黄花梨之所以珍贵是因为它是传统优质家具用材，同时又极具稀有性。榆木也是传统家具用材，但因为榆木生长快、材易得而价廉。如果种树人绞尽脑汁琢磨出一项树木速生成果，却发现到时候新的黄花梨木材大量上市而变得不再稀有，后大幅贬值时，那真是让人哭笑不得了。

其二，如要黄花梨木30年成材，那就要改变它的生长基因才行。现在问题来了，如果基因被改变了，那它还是黄花梨吗？人造钻石和天然钻石都很像，但是价值天差地别。

不过，关于人工种植黄花梨30年成材的论题，网友Shangpin介绍了他的朋友种植黄花梨的实践经验，可以供大家参考和思考。

他的朋友在海南和友人合作开发海南黄花梨人工林，已经种植了20年左右。他朋友的见解是：种植人工林，前期投入少（20世纪80年代的时候，树苗不值钱），每年投入资金少，赢利方式灵活。

至于技术方面，按他们的说法，黄花梨的人工林，前期一定要养分充足，所以，在树苗的前15年，他们都给树苗施以足够的肥料，但到15年以后，就停了施肥，而是让它自然生长，形成坚固的格。其进一步解释：早期施肥，是让树苗尽快长大、长高、长粗。在这阶段，“格”（即能成材的心材）比尾指还小，也就是说，是不成材的。15年后，由于树苗开始要成材，形成心材，这时候，就不能再施肥。如果再施肥，那成的材，也只能是木质疏松、密度低的，含降香低的，不算合格。让树木再生长15年，共30年左右，就可以成材，只是大概6～8厘米左右的心材，相当于我们现在座椅面心板要十几拼的材。

其实，黄花梨种植人说的“成材”，不是我们玩家心目中的标准，而是商家能用的标准。如果真正能达到20厘米以上的，那就肯定不是30年的投入。再说黄花梨的格的形成，不是说30年能形成6厘米，60年就能12厘米这么简单。格的成长越到后面越慢。所以要达到20厘米，将要花费百年以上的时间，但是没有人会等孙辈去收获自己的投资。

人的智慧是无穷尽的。通过人工控制生长速度的方式来控制黄花梨树中格的品质，确实看起来很美、很有技术性，不过我们要清楚，商家说的材和玩家要的材是不同的概念，甚至更有玩家认为：传统家具之所以尊贵，是因为它结合了传统工艺和最自然的精美良材。人类不应该用科学手段去破坏传统美和自然规律，少了自然二字还奢谈什么艺术。

不过，不管怎么说，商人在利益驱使下开始去研究人工种植黄花梨，这既符合市场经济规律，也符合环保政策，这个层面，可以支持。

把玩紫檀

文/仁品堂（郭向阳）

小叶紫檀产于印度。自清代以来，受宫廷影响，民间偏好此料。紫檀性温而不燥，广为匠工所推崇。笔者作为木迷也经常接受上好的紫檀料承制一些器物。作为一名木工从业者，希望为同仁分享一些个人对于紫檀的见解。

一、料质

料质单指材料的质地而言，是载体的密度和特质，比如，原料的重量、油分、毛孔的直观密度等。木材为纤维体，而带毛孔的纤维直观上是否细腻跟材料本身的密度息息相关。经常会有这样的说辞，“料质够好的了，料质一般”。

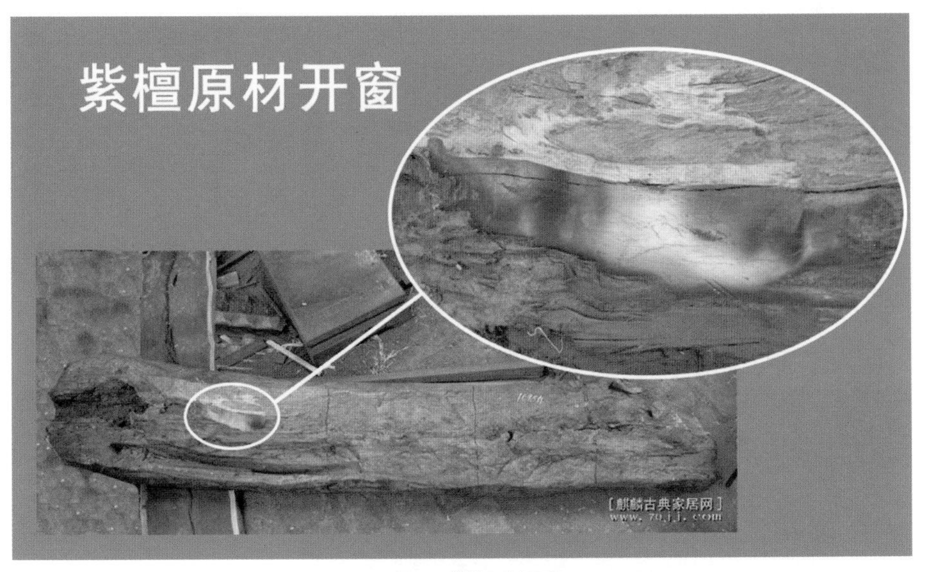

图1　紫檀原材开窗

图1为紫檀原材开窗面。打磨后的刮面毛孔几乎不可见，质地细腻如脂。就此料质而言，可算是上等紫檀料质。料质好坏其实是相对而言，并无准确的量化的衡量方式。原料取自天然，而料质也多变，需要仔细洞察并深加体会。一般而言，市场上普遍接受油性高密度高的紫檀料为上等。行业中大家经常可以听到“鸡血料”“泥料”“犀牛角料”等名词，它们其实并不是一种特殊的紫檀料，而是部分紫

檀料在不同氧化阶段表面呈现的不同特征。紫檀新切面在自然氧化过程中会出现从橘红到红紫的颜色变化过程，当部分木料颜色为红色接近深红色时最类似鸡血，这时一些商家就把它称为“鸡血料”；而接近深紫色同时木质致密时，常因其细腻而油性十足而被称为“泥料”；较高密度的紫檀经过精细打磨或自然包浆并氧化到深紫色的时候出现类似牛角或犀角的透明光泽质感，这时也会被叫作“犀牛角料”。这些称呼其实更多是市场上的噱头，商家常用它来暗示或误导消费者。图2～图4为成器后不同氧化阶段的上等货色的紫檀成品。

图2　上等紫檀笔筒（成器3天后）

图3　上等紫檀笔筒（成器15天后）

图4　上等紫檀笔筒（成器1个月后）

二、纹理

紫檀因生长环境不同会呈现不同的纹理变化，也就是所谓的“木纹”。紫檀表面纹理包括底色花纹、毛孔纹理和金星三类，这里介绍一些比较常见的紫檀纹理。

1.底色花纹

黑斑——也有称为黑沁，紫檀在生长过程中受到恶劣土壤及环境的影响，组织中的黑色素在局部聚集并氧化形成黑斑，或者雨水渗入组织的裂缝，导致木质轻微腐烂而变黑形成水沁黑筋。大面积的黑色表面成为黑斑(图5)，细纹状的成为黑筋（图2），介于黑斑和黑筋之间的，与橘红底色相对照，形似火焰，故又称为火焰纹（图5），也有些有分枝的部位可能形成黑圈（图6）。

水波纹——顾名思义，水波纹指紫檀器物表面出现的像水波一样浓淡相间的视觉效果，有时有缎丝感觉，比较好辨认，如图7。水波纹在紫檀属的材质木料中经常看到，比如花梨木。在檀香紫檀木材中，水波纹比较少见。

山水纹——指像山峰或河流一样高低起伏的线条纹理，仿佛一幅美丽的山水画，主要出现在树材的斜向弦切面，如图8。山形纹有时也称为宝塔纹，是榉木或榆木的典型特征。在紫檀板材中会经常出现山水纹。

鱼鳞纹——指像鱼鳞一样网格交错的纹理，如图9。带有鱼鳞纹的木料一般密度和油性较高。鱼鳞纹的手串是手串中的极品。

2.毛孔纹理

毛孔，也叫棕眼，学名称为导管，本来是木材组织中用来运送水分和营养的管道。木材切开后，在表面就体现为毛孔。紫檀的毛孔形状多样，各不相同。由

图5　火焰纹黑斑

图6　黑圈

图7　水波纹

图8　山水纹

图9　鱼鳞纹

于商家或玩家的利益驱使或心理暗示等原因，就形成了人们按毛孔形状区分把玩紫檀的乐趣倾向。紫檀的毛孔按形状分为豆瓣纹、瘦纹、小S纹、大S纹、顺纹、乱纹等。

豆瓣纹——指类似豆瓣一样的圆圈状毛孔或围着圆圈弯曲呈现的扭曲毛孔纹理，

如图10，多见于紫檀瘿料。这种纹理的材质比较致密，但由于组织紊乱，故原料不适于雕刻而更适于欣赏把玩。用此纹理材料制作的完整素雅器型简直少得可怜，在紫檀行内，豆瓣扭曲纹理就显得格外的珍贵。

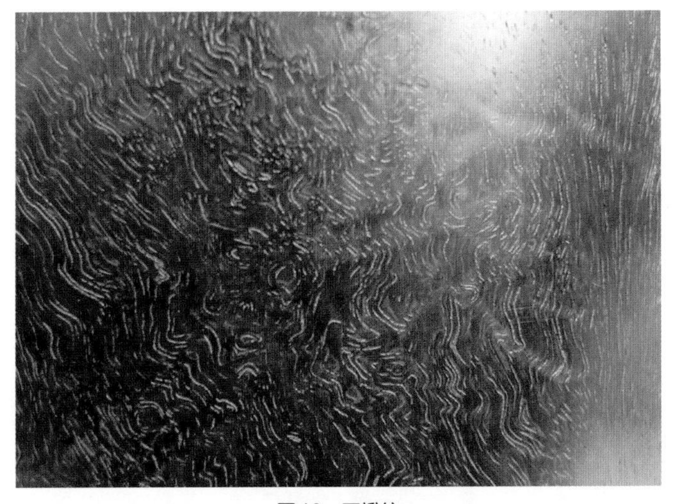

图10　豆瓣纹

瘿纹——这里所谓的瘿纹与前面的豆瓣纹都跟瘿木有关，但不同的是豆瓣纹是毛孔体现出的纹理，瘿纹就是瘿瘤形成的结节或鬼脸，而不是毛孔纹理。紫檀原材密度大，抗虫咬，少病变，出瘿难。物以稀为贵，紫檀瘿一直被高端藏家所追捧。紫檀瘿的缺陷是表面氧化成紫黑色泽后其瘿纹多不易察觉，这也算是紫檀瘿纹的缺点。紫檀瘿纹相对于豆瓣纹而言，欣赏视觉效果稍逊一筹。紫檀瘿纹材料不适于雕刻，更适于把玩欣赏。紫檀瘿纹如图11。

图11　瘿纹

小S纹——纹理呈“S”状，一个完整波长在约15毫米以内可以称为小S纹，业界也常称呼为蟹爪纹，一些玩家戏称“方便面”“金丝猴”等等，如图12。S纹理的形成同样是一种扭曲的生长现象。这种带S形毛孔纹理的紫檀料早些年被日本人宠爱，在当时紫檀原料管制不严的情况下，曾被日本人大量收购用来加工成社会高层人士的婚礼用品。因此，我国早期进口的紫檀原料几乎看不到这种纹理（图13）。

图12　小S纹紫檀表面

图13　带小S纹的雕件

大S纹——所谓大S纹理是相对于小S纹理而言更长一些，业界常被称呼为“牛毛纹”。大S纹理和小S纹理有些料质非常细腻，适合于雕刻，而且S纹中经常伴随金星，观赏性非常好，如图14、图15。

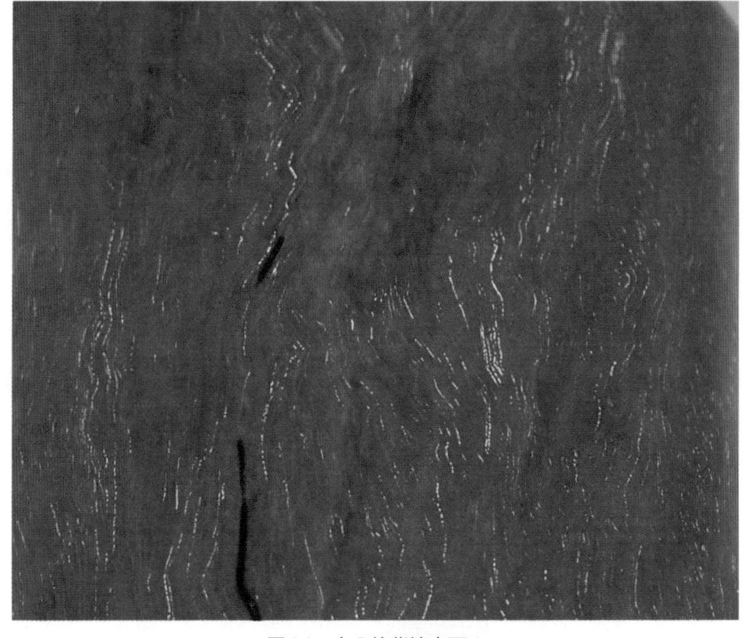

图14　大S纹紫檀表面1

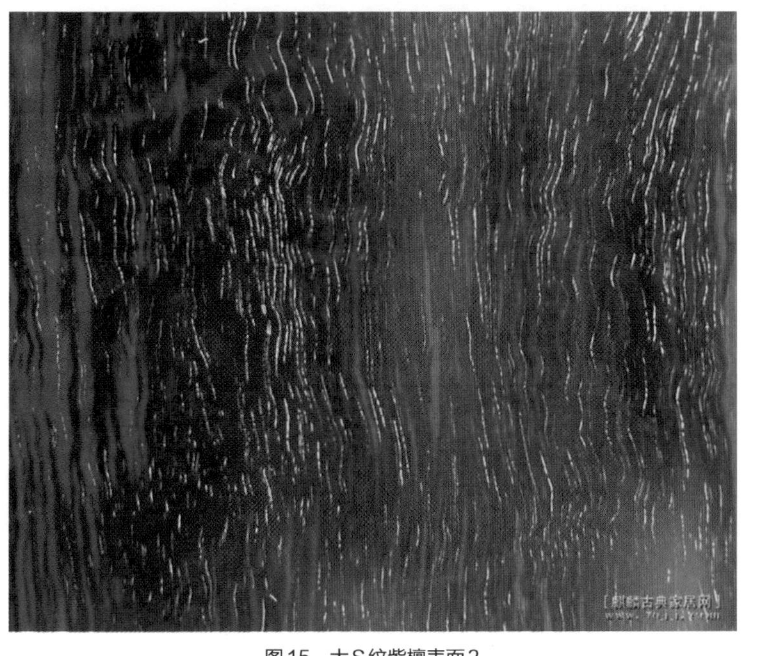

图15　大S纹紫檀表面2

顺纹——所谓顺纹的就是一种平直顺畅的毛孔走向方式。顺纹料质相对于以上弯曲纹理而言，最为常见，但顺纹细腻的料质也是雕刻家手中的优质料质（图16、图17）。

图16　顺纹紫檀表面1

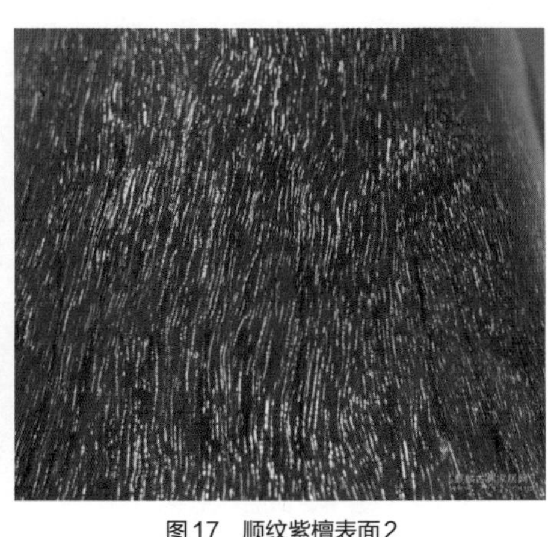

图17　顺纹紫檀表面2

总结：不同人对紫檀纹理的认知有时会有不同。抛弃各种主观因素，只谈客观紫檀材质的话，笔者认为满金星豆瓣纹更适合素雅规整器而非雕琢器，瘿纹很难生出金星而适于强光下欣赏，大小S纹其实都是不错的纹理，主要还是看成器后是不是整器满布S纹理，没有丝毫的结疤脏底。凡是上等藏品一定要纯粹、干净、透亮。笔者提供的带有以上这些纹理的紫檀料有优劣之别，不是有了这种纹理就都是好料。带这些纹理的木料同时一定要质地紧致细腻才为上品。

作假：现代科技的发展让一切都有可能。为了迎合S纹紫檀料的市场需求，有些人开始仿造紫檀的S形纹理。有些工匠利用卷毛钢刷或是机械设备刷至材质表面，拉出毛孔痕迹。高利润率促使这些人绞尽脑汁进行“创新”。

辨伪：毛孔的辨伪相对熟悉紫檀纹理的人而言是“一眼活”的事情。作假的毛孔多是粗粗拉拉，乱无章法，管线很多是平行的，缺乏自然灵动的感觉。一般人多对照看看就能分辨。

3.金星

金星是紫檀毛孔中的胶状物质经过氧化后与深色木材表面形成鲜明对比的星状效果。紫檀从新伐至制器，并历经岁月的演变而氧化成紫黑色泽时，其表面蕴藏的金星显现，尤为引人注目。在光照下我们欣赏那种繁星璀璨的效果，自是感到无法形容的舒畅。在玩家心目中，爆满金星料常常被放在紫檀料首位。金星充盈的料质通常优于其他料质。因紫檀原料所处环境土壤成分的不同，金星所呈现的色泽有些细微的区别，常见的可以有白星（白金星）、金星和红星三种。

（1）白金星

所谓白星是相对于金色光泽而言，也可以作为白色和黄色泛白的星色的统称。

笔者揣摩，因紫檀大部分采自印度迈索尔邦，而此地为石灰岩层地质，相对于其他紫檀产地环境较为贫瘠。紫檀原料在生长中大量吸收这种石灰质造成了偏白的金色质素而产生白金星，如图18。当然这种说法并不代表不带金星的原料就不是产自迈索尔邦。

图18　带白金星的紫檀笔筒

（2）黄金星

所谓黄金星即是紫檀毛孔中胶质呈现金色的视觉效果，因为金星呈现线状有时也被称为金线。可见金星紫檀并不是紫檀的一种分类，如图19。

图19　带黄金星的紫檀笔筒

（3）红金星

所谓红金星是金星的颜色偏于红色。实际上，这些所谓颜色上的区别更多的是在于接触木料时间的多少而感受的相对差异，如图20。

作假：因为紫檀器物中金星现象备受玩家追捧，所以金星紫檀料也就尤为珍贵。由于市场上金星料紫檀不足，有些不轨商家就挑选出来一些毛孔比较粗的紫檀木料，用胶黏剂搅拌金粉填于毛孔内冒充金星。更有人为了做得逼真，干脆粗打磨木质表皮，利用磨下的木粉染成金色

图20　带红金星的紫檀笔筒

填于毛孔中。这样处理后的器物表面满布金星，繁星璀璨，视觉冲击更强。金星作假导致的结果是，购料者重金采购来的所谓金星料在开料后往往大失所望，看到的只是木材表面一层薄薄金星，内部金星寥寥无几。很多人因此“交了昂贵的学费”。

图21 带金星的紫檀笔筒侧光照片

辨伪：紫檀的金星素（胶质）是从内而外溢出的，绝非没有根基的表面物质。经过长期盘养的金星素会随着岁月变迁而不断聚集于器物表面，金星通常会越养越多。真的金星素是从纤维管中溢出的，这些金星素呈点线状连续排列于导管中，溢满后的效果是侧光看不到毛孔的凹陷。金星的表面和原材的表皮几乎是平的，而非粗糙填满于毛孔中的感觉。参见金星紫檀笔筒侧光图（图21）。

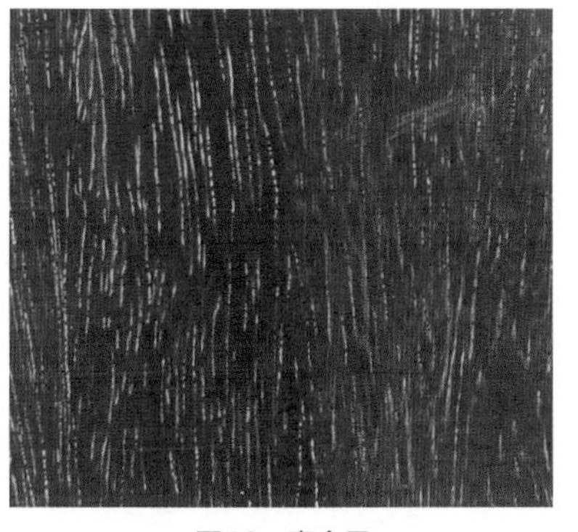

图22 真金星

值得注意的是，自然生长并满布金星的紫檀料尽管非常罕见，但确实存在。所以，并不是所有表面满布金星的紫檀都是作假的。鉴别方法：①自然金星木材中，部分毛孔处可以看到金星线脉从表面逐渐往深层延伸，金星有由浅入深逐渐被木组织覆盖的渐变表观。②在放大镜下，自然金星为不规则胶质物质，并混杂有黄色、黑色等杂质和杂色，人工金星则颜色均匀，非胶质特征。

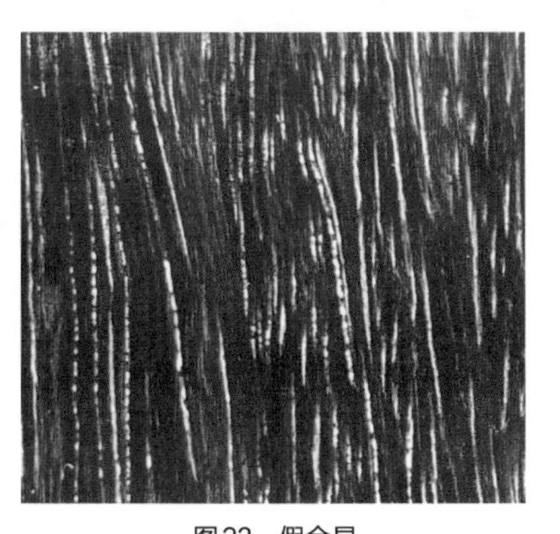

图23 假金星

图22是有区别于用金粉人工填充毛孔的自然金星纹理。从图上可以看出，有些地方的金星视觉表现是斜向的，这种含苞欲放的金星纹理和切料方式有关，但能感觉出金星素是有根基的，而非漂浮于表面。另外，真金星的点状断续的金色线脉是十分明显的，人工填补金粉则形成连续线状的金丝，如图23。填补木粉打磨充填金星上手后，用水不停地擦拭也常常会使金星脱落。

总结：金星的密集度和颜色与器物的市场价值有很大的关联。白星因发现概率最低，所以白星紫檀的价值最高；其次黄色金星相对寻找容易些；红星因视觉冲击力欠佳，列为第三。其实，材料的好坏、材质本身的品质最重要，纹理和金星倒是其次的。凡上等级别藏物，必先考虑材料本身的完整性、料质纯粹性，其次再来考虑金星的特征。

4.老料与新料

紫檀的老料和新料常常被人说到，但是对于很多刚入门的木友是比较容易混淆的。何谓之老料呢？真正的老料要做到树老材干，即是几百年树龄的老树，且砍伐下来放置很久（5~10年以上）的原料，因岁月的流逝，水分殆失、质地紧密而油泽充盈。在取料开剖时，可以看到这种料的颜色呈橘红色，而非橘黄色。有些静置老料开料后不日就氧化出一些黑筋或黑斑，如图24、图25。近些年市场上开始大量出现了“拆房料”这个词。拆房料刚进入到中国市场并不被广泛接受，后因拆房料经常出现一些上等好料才被业内认知并推崇。目前市场经常看到有人靠“拆房料”来欺骗消费者，包括“马车料”“白漆料”等。而笔者认可的是原料的本质，而非拆不拆房，料质和纹理主宰着原材的品质。

图24　老料开料氧化后出现黑筋

图25　老料开料氧化后出现黑斑

5.檀香味道

小叶紫檀又被称为“檀香紫檀”。紫檀开料中会有比较明显的檀香味道，成器后要在安静的环境可以嗅到很淡的檀香味道，一些老紫檀器物根本闻不到檀香味道，但是打磨或加热后仍可以闻到。不同紫檀木料檀香味道有浓有淡，味道浓淡并不能代表木材质量的优与劣。

6.紫檀雕刻

小叶紫檀材质细腻，不易崩茬，非常适合雕刻作品。自清朝以来，很多雕工精湛的传世作品多用紫檀料。紫禁城造办处诞生的“紫檀工”就是紫檀雕刻工艺最顶尖与奢华的代表。紫檀工指的在一些家具表面满布雕刻纹理，多为游龙飞凤、卷云波涛之类，布局严谨、刀工细腻。紫檀工给现代人有繁缛之感，但是用来彰显皇家的气派与威严是最好不过了。现今市场上，紫檀大料逐渐稀少，由于紫檀料十檀九空，所以现在紫檀最适合雕刻的器型已经算是笔筒了。

其实在古代使用紫檀之前，工匠们已经分门别类地去使用各种材料去雕刻物件，也多见于木质家具和工艺品。留世的一些文房作品很多都是用质地细腻的材料，这更加有利于承载先辈的精湛艺术。一般认为，木器雕刻用材始源于竹。抛开竹子本身价值而言，竹子在雕刻上是更能体现刀法功力的材质。竹子材料扁薄，刀工偏差少许便会使整件作品报废，所以特别考验工匠的功力。很多雕刻竹器的艺术家也因此多对雕刻木材不屑一顾，而那些多以浅浮雕方式制作的竹雕也一度备受高文化欣赏群体的追捧。自己从业此道，深知紫檀作为雕刻载体是上等上的材质。但材质只是基础，艺术上的创新才会让作品被刮目相看。摒弃世俗的价格因素，打造器物的传世艺术价值才该是从业者追求的理想境界。

泡酒实验见证“紫气东来”

文/王洋工艺

第一步：选择正宗的紫檀和白酒

首先是要选择正宗的印度产的檀香紫檀，直接用斧头劈下小块。另找到科特迪瓦紫檀、尼泊尔紫檀两块，以备实验之用。

白酒选择正宗的北京56度红星二锅头，当然，酒的度数是越高越好，如果你也想自己动手做实验，度数不要比这个低，最好用医用酒精。

第二步：同时泡酒，看反应，辨真假

选择三只相同的未用过的透明玻璃杯，倒上同样多的酒，把三种木材同时放入酒杯看结果。

檀香紫檀：只要几秒钟就有吐色反应。

科特迪瓦紫檀：4～5分钟之后才吐出颜色，较檀香紫檀慢。

尼泊尔紫檀：基本没反应，超过10分钟后，杯中的白酒只是微微变了一点颜色。

图1　1分钟时的反应

图2　3分钟时科特迪瓦紫檀开始吐色

图3　7分钟时科特迪瓦紫檀才有反应

图4　15分钟之后的反应

火烧法鉴别小叶紫檀和其他名贵木材

文/北冥有鱼

关于小叶紫檀的鉴别，普遍知道的是酒精浸泡以及泡水荧光试验的方法，很实用且被熟知，但是有时条件有限，如何来快速鉴别紫檀材质，在此笔者提供一种简便而又实用方法——火烧法。

本实验选了多种材料进行对比，包括：极品紫檀黑皮料、小叶紫檀拆房料、鸡翅纹紫檀差料、老挝大红酸枝、科特迪瓦紫檀、越南黄花梨、海南黄花梨（图1）。笔者分别对它们用火烧，因为火烧和打磨一样都属于加温状态，紫檀加热时更容易散发檀香味。

图1　准备实验的部分木样

图2　紫檀满金星满牛毛纹黑皮料

其实火烧法一直是收老旧家具的商家鉴别材质的常用方法。在家具不显眼的地方取下一小片木料，用火一烧，基本就能断定家具材质，准确率极高，唯一需要的就是必须熟知各种新老木材的味道。

优质小叶紫檀黑皮料：图2是一块满金星满牛毛纹小叶紫檀优质黑皮料板子。用打火机点燃一角，待稍起火头马上吹灭，然后把鼻子凑近（注意距离，防止被呛，或被炭火烫到鼻子），马上就能闻到熟知的檀香味道。

小叶紫檀拆房老料：图3所示老料生长年代约三五百年，表层风化严重，剩下心材。火烧之后闻一下味道，首先是呛鼻的灰土夹杂着老漆的味道，再深一个层次，就是檀香味。

鸡翅纹紫檀差料：图4是一块非典型的小叶紫檀，有鸡翅纹还有加白。这块小叶紫檀料没有金星牛毛纹，颜色淡黄，但是却是一块紫檀的心材。

这块鸡翅纹紫檀差料火烧后闻起来有股淡淡的檀香味，并且夹杂着一点点轻微的酸味。笔者的理解是“十檀九空”，紫檀不是长出来是就空的，而是它的二膘皮部分在土壤贫瘠时把心材的养分给吸走，从而导致心材干枯而产生空心。

科特迪瓦紫檀：俗称“科檀”（图5）。新开出来的科檀表面呈现橘黄色，过些日子颜色变深。科檀火烧后味道极其让人不适，有股喉臭的味道。

图3 檀香紫檀拆房老料

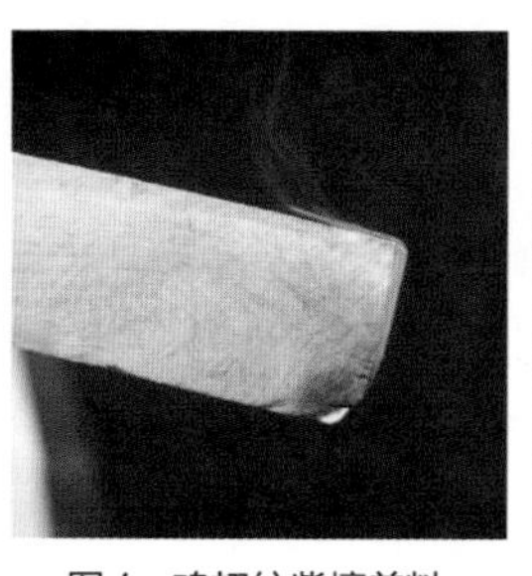
图4 鸡翅纹紫檀差料

图5 老科檀

老挝大红酸枝：酸枝木之所以叫酸枝，就是因为它是酸味的。平时做家具开料锯切木材时就能闻到刺鼻的酸味。现在火烧后味道是更浓的酸味，呛鼻的酸（图6）。

图6 老挝大红酸枝

越南黄花梨和海黄黄花梨：笔者分别烧了一块板子和一个老刨子。点燃后，降香味立即就散发出来，非常典型。但是，海黄和越黄的香味是不同的，一般来说，海黄的味道比较偏向于奶香，而越黄的味道则偏刺鼻。木料油性越大味道越浓。

大红酸枝各色木料

文/西漠胡狼

一说起大红酸枝，大家自然就将它和交趾黄檀联系在一起。大红酸枝要比其他红酸枝木贵很多。不过，长期以来市场上大红酸枝并不止交趾黄檀一种。在东南亚木材市场，只要满足颜色为红褐色至深红褐色，带黑色条纹，材质细密，与交趾黄檀相近的都可以被称为大红酸枝。具体包括老挝、柬埔寨、泰国等地产的交趾黄檀、桔井黄檀、柬埔寨黄檀、多花黄檀四种木材。在木材流通中，它们都是以大红酸枝这个商品名进行交易的，价格是一样的。

本人喜欢收集研究各种木头，从紫檀花梨到松枣榆杨，究本溯源。我一般会找许多木块，每种三块，准备锤子、斧子、锯子、铲刀、水盆、砂纸等。先泡水后暴晒，看稳定性；上斧子劈，看纵向抗剪切性能；上锯子锯出木条，看加工性能；上锤子砸1厘米见方的木条，看其横向抗冲击性能；上砂纸磨，看表面光泽度；上铲刀铲，看切削性能；上火烧，看油性。下面依次说说四类大红酸枝木材的实验结果。

交趾黄檀：主观颜色红＋黑，或红、褐红、紫红、黑。纵向栅格不明显，花纹像晕散的写意山水画。导管内含黑树胶，强光下结晶体反光（银色），有断续黄色矿物质沉淀（金星）。横切面导管呈不规则状分布，干裂痕迹呈放射性（直线）。木纤维不明显，倒顺茬不明显，密度高，油性好，木质有糯性，粘刀，少崩茬。纵切面有波痕，荧光一般，抗干裂性能较好，锯末为黑色和红色油性颗粒，600目砂纸打磨时粘砂纸。

桔井黄檀：主观颜色为黑褐，或条纹呈黑－黑褐－黑紫，直条状纹路。导管内含黑树胶，强光下结晶体反光（银色），横切面导管同心圆状分布，干裂痕迹呈放射性（闪电状）。木纤维方向性强，倒顺茬不明显，密度高，油性好，木质微糯性，粘刀，少崩茬。纵切面有波痕，荧光强，抗干裂性能一般，锯末为黑褐色油性颗粒，600目砂纸打磨时粘砂纸。

多花黄檀：主观颜色为黄红，主色为红、浅红、黄，有黑、褐条纹。纵切面条纹明显，弦切面花纹不明显，类似工笔山水，横切面有明显环状轮。导管内含黑树胶，强光下结晶体反光（银色），有断续黄色矿物质沉淀（金星）。横切面导管呈规则环状分布，干裂痕迹呈放射性（直线）＋环状裂（圆圈）。木纤维明显，倒顺茬不明显，密度高，油性好，木质微脆性，不粘刀，少量崩茬。纵切面有少量波痕，荧光较好，抗干裂性能一般，锯末为红黄色油性颗粒，600目砂纸打磨时粘砂纸。

柬埔寨黄檀：主观颜色为黑青褐色，或黑、褐、青、红。纵切面条纹明显，弦切面花纹明显，横切面有明显环状轮。导管内含黑树胶，强光下结晶体反光（银色），棕眼小、少。横切面导管呈规则环状稀疏分布，干裂痕迹呈放射性（直线）+环状裂纹（圆圈）。木纤维明显，倒顺茬明显，密度高，油性一般，木质脆性，不粘刀，崩茬。波痕明显，荧光好，抗干裂性能一般，锯末为青褐色颗粒，600目不粘砂纸。

再从木材颜色表现来说说各色大红酸枝木料的不同特征。这是本人长期过手和实验后的个人体会，鉴于个人所采纳样本数量局限，结论只能说是适合大部分木料，不代表全部木料。而且木样实验结论都是以本人主观判定的，也许有商家卖给我的就不是红酸枝，由此导致结论谬误，望读者辩证阅读。

红黑料：红黑块状相间，无条纹。木纤维不明显，木纤维生长方向轻微交错。入刀感觉很硬，倒顺茬不明显。油性高，硬度高，棕眼很小且少，树胶看不到。新切面氧化缓慢，气味为醋酸略香，不封蜡氧化后表面不变色，封蜡后是亮光效果。端头裂痕呈放射状，横切面不见棕眼，生长轮看不清。木料对温度、干湿略有反应，轻度变形和开裂。估测密度为1.1～1.2g/cm³，如图1。

（**评价：**这种大板料是神级的存在，2013年售价折合200多万每吨，适合做家具面板。）

图1　红黑料

图2　大红料

大红料：纯红底子，细黑条纹。木纤维明显，木纤维生长方向略交错。入刀感觉有点硬，略有倒顺茬。油性中等，硬度中等，棕眼大且多，树胶呈褐色和少数黄色（金星）。新切面氧化缓慢，有酸味，不封蜡氧化后表面变暗，封蜡后光亮度不好。端头裂痕呈少量放射状，横切面棕眼明显，生长轮明显。木料对温度、干湿反应很小。估测密度为0.95～1.05g/cm³，如图2。

（**评价：**颜色大红，木性温和，但表面抛光效果不好，适合制作做漆的家具。）

紫红料：紫红底子，很细的黑条纹。木纤维略明显，木纤维生长方向顺直。入刀感觉超硬，有钝刀现象，倒顺茬不明显。油性略高，硬度很高，棕眼中等且少，树胶呈褐色和黄色（多金星）。新切面氧化缓慢，有陈醋味，不封蜡氧化后表面不变色，封蜡后是亮光效果。端头裂痕呈闪电状和环形裂，横切面棕眼可见，生长轮明显。木料对温度、干湿有反应，轻度变形和中度开裂。估测密度1.1～1.2g/cm³。

（**评价**：超硬，木性很烈，打磨面高光镜面效果，适合制作家具。）

纯黑料：木质纯黑。木纤维不明显，入刀感觉发糯，类似塑料的质感，倒顺茬不明显。油性高，硬度中等，棕眼小且少，树胶看不到或呈少数黄点。新切面发亮，酸味不明显，微香，不封蜡氧化后表面略显发乌，应该是油脂氧化的薄膜，封蜡后是亚光效果。端头裂痕呈放射状，横切面棕眼不明显，生长轮不清晰。木料对温度、干湿反应不明显。估测密度为1.1～1.15g/cm³。

（**评价**：非常好的雕刻用材，细节表现很好。）

褐黑料：木质褐色略黑。木纤维很明显，弦切撕裂面呈现交织结构。入刀感觉切削钢丝似的，倒顺茬明显，崩茬严重。油性略高，硬度高，棕眼小且少，树胶呈褐色。新切面略暗，酸味不明显，有醇香。不封蜡氧化后无变色，封蜡后是亚光效果。端头裂痕呈闪电状，横切面棕眼不明显，生长轮略清晰。木料对温度、干湿反应不明显，轻度变形。估测密度为1.1～1.2g/cm³。

（**评价**：抗弯、抗剪切能力超强，适合做家具。）

青黑料：黑色底子发青。木纤维略明显，木纤维生长方向略交错。入刀感觉略有迟滞感，类似夹砂的质感，倒顺茬略明显。油性高，硬度高，棕眼略小，树胶呈黑色或褐色。新切面氧化迅速，香味微酸略香。不封蜡氧化后表面略显发乌，封蜡后是亮光效果。端头裂痕呈放射状，横切面棕眼可见，生长轮清晰。木料对温度、干湿略有反应，轻度变形和开裂。估测密度为1.15～1.2g/cm³。

（**评价**：一般雕刻材，一般家具材。）

黄油料：黄色带浅红底子，表皮和水沁部位纯黑。木纤维不明显，入刀感觉发糯，类似纯黑料的质感，倒顺茬不明显。油性高，硬度高，棕眼小且少，树胶呈褐色或少数黄点（金星）。新切面发亮，气味为醋酸略香。不封蜡氧化后表面略显发乌，封蜡后是亚光效果。端头裂痕呈放射状，横切面棕眼不明显，生长轮大而明显。木料对温度、干湿反应不明显。估测密度为1.05～1.1g/cm³。

（**评价**：好的雕刻用材，黄色氧化后略红，带纯黑色沁斑，做巧色不错。）

褐青料：褐色、青色、浅红条纹状夹杂，木纹顺直，木纤维明显，入刀感觉发糠，类似软木的质感，倒顺茬略明显。油性低，硬度低，棕眼大，树胶呈褐色。新切面发亚光，不封蜡氧化后表面略显发暗，微有醋酸味，封蜡后是光泽不明显。端头裂痕呈放射状+环状裂，横切面棕眼明显，生长轮大而明显。木料对温度、干湿反应不明显。估测密度为0.95～1.0g/cm³。

（**评价**：干湿反应不明显，适合北方，适合做旧家具。）

青黄料：浅黄色底子夹杂块状青色，木纤维明显，入刀感觉发糠，类似软木的质感，倒顺茬略明显。油性低，青色区域硬度低，棕眼大，树胶呈褐色。新切面发亚光，不封蜡氧化后表面略显发暗，微有醋酸味，封蜡后光泽不明显。端头裂痕呈放射状+环状裂，横切面棕眼明显，生长轮大而明显。木料对温度、干湿反应不明显。估测密度为0.95~0.98g/cm^3。

（**评价**：青料在家具中常为人所忌惮，用于家具需顺色。）

至尊至贵金丝楠

文/心如镜月如钩（周京南，故宫博物院研究馆员）

在我国传统家具中，楠木家具占有着重要的一席之地。楠木为常绿乔木，高十余丈，产于我国中纬度地带的四川、云南、湖北、湖南等地。这里气候温暖湿润，既无高纬度地区的狂风暴雪肆虐，又无热带雨林地区的烈日炎炎的烤晒，独特的自然环境和气候条件造就了楠木温润平和的木质特性，与中国传统文化所讲的“内敛平和、恬淡虚泊“的精神特性恰相契合。楠木中最为珍贵的、价值最高而又难得的是被称作“金丝楠”的木材。金丝楠主要出自桢楠属的桢楠，其材色一般为黄中带浅绿，有些材色呈黄红褐色，木材表面在阳光下金光闪闪，如丝如缎一般金丝浮现，这也是金丝楠最明显的标准。金丝楠隶属樟科，故一般有清香味，特别是在锯解或打磨加工时，久则变为淡淡清香，抚之温润如玉。楠木的木质结构细，色泽淡雅匀称，纹理细腻美观，易加工，耐久性强，切面光滑，为珍贵木材，传说这种木材水不能浸，蚁不能穴，能历经岁月的侵蚀而不易变形，可谓“出淤泥而不染，历磨砺而不衰。”金丝楠木自从进入人们的视野开始，便由于其不喧不燥、经久耐用的独特属性，成为皇家建筑中不可或缺的重要木材，与皇室贵胄之家结下了不解之缘，被打上了尊贵的标签（图1）。

历代名家对金丝楠木的木性极为推崇，如李时珍在《本草纲目》中谓：“楠木生南方，而黔、蜀山尤多……干甚端伟，高者十余丈，巨者数十周，气甚芬芳，为梁栋器物皆佳，盖良材也。”在中国古代，帝王的宫殿、陵寝、重要的宗教建筑，都采用金丝楠木作为栋梁之材，明清两代一些重要的宫殿建筑都是使用金丝楠木作建材的。金丝楠木因其材大坚实且不易糟朽，故明代采办楠木的官吏络绎于途。清代康熙初年，为兴建太和殿，也曾派官赴浙江、福建、广东、广西、湖南、湖北、四川等地采办过楠木。据《钦定大清会典》记载：“凡修建宫殿所需物材攻石炼灰皆于京西山麓，楠木采于湖南福建四川广东。”上述记载说明了当时金丝楠木主要是皇家宫殿的重要建材，此外楠木更是制作宫廷家具不可多得的良材，据元末陶宗仪所著的《南村辍耕录》

图1　金丝楠平头案

记载，在元代宫廷内，就有楠木制成的宝座、屏床和寝床，同时该书还记载了在元代宫廷里，建有一座楠木殿，通体以金丝楠木为建材做成，“文德殿在明晖外，又曰楠木殿，皆楠木为之，三间”。在古代皇家用于重要礼仪陈设的卤薄仪仗中，也能看到金丝楠木的身影，如卤薄仪仗陈设的步辇、御仗匣等，都用楠木制作。此外，楠木还有药用功能，历代医书多有记载。

清代皇宫中对金丝楠木的使用是极其靡费的。据清宫内务府造办处档案记载，乾隆元年内务府造办处陈设库储所存的金丝楠木是十万零二千九百八十一斤十五两一钱，等到了乾隆二年，造办处实用楠木六万五千三百五十八斤五两二钱，而经过乾隆三年大规模地使用，到了乾隆四年，内务府造办处所存楠木只有一千六百一十三斤十四两三钱了，为了满足皇室的需要，清宫不得不从外面调进大量的金丝楠木以补充宫内金丝楠木存量的不足，可知清代宫廷对金丝楠木的需求量是很大的。

清宫内府所存的金丝楠木全都用于皇宫中的建筑装修及家具，如紫禁城内的倦勤斋内部装修、毓庆宫内部装修、乾隆花园里的古华轩，而家具中的香几、炕桌、橱柜、宝座、屏风等，亦有不少金丝楠木制者，还有用金丝楠木制作各类盛放文玩的匣屉，用金丝楠木作图书典籍的封面包装板（名词称为“书衣”）等，金丝楠木成了帝王之家所独享的家装材料。

金丝楠木生长于人迹罕至、交通不便的深山密林中，采伐难度极大，通常采伐一株要有多工种的配合，如架长、斧手、人夫等，架长看路搭架，垫低就高，斧手伐树取材，人夫将砍伐下来的大木拽运到河，明万历三十五年（1607年）王德完统计：“计木一株，山本仅十余金。而拽运辄至七八百人，耽延辄至八九月，盘费辄至一二千两。上之摩青天，下之窥黄泉，岂惟糜不赀之财，抑且损多人之命。”在楠木的主产地蜀地，有“入山一千，出山五百”之说，可见采木之艰辛与劳民伤财。照现代比较时尚的说法，金丝楠木的物流成本极高。在等级森严的封建社会，使用金丝楠木的建筑装修多为帝王之家所独享，大臣及民间不得越制使用，违者究罪。如嘉庆初年和珅被诛，其一大罪状就是在自己的宅第中擅自采用与宫廷一样的金丝楠木装修，此外道光年间内务府大臣庆玉被抄家，有一项罪名就是家里的装修违规使用了金丝楠木。

由于历史的原因，中国传统的金丝楠木家具，大多湮没在历史的尘烟中，不复存在，有幸遗存下来的金丝楠木家具及工艺品，更是寥若晨星，弥足珍贵，存世的稀缺性造成了人们对金丝楠木的认识程度有如雾里看花，远不及紫檀、黄花梨等硬木，这不能不说是一件憾事。但是今天，随着人们物质生活和文化水准的提高，越来越多的人认识到了楠木的珍贵，涌现出了一些金丝楠木的收藏家和爱好者，他们积极挖掘昔日为帝王之家所独享的金丝楠文化，通过宣传报道，保护性抢救，让代表我们国家国粹艺术的金丝楠木续写昔日的辉煌。

温润娴丽的金丝楠

文 / 翰林凿巧（李瑞堂）

金丝楠不属于红木范畴，但是金丝楠在建筑和家具领域太出名了，所以这里特地谈谈金丝楠。

1. 楠木为樟科楠属常绿大乔木，国家二级保护渐危种植物。在中国，楠木约有34种，常见有桢楠、闽楠、白楠、紫楠、香楠、润楠、滇楠等。广义上说，只要显现金丝明显的楠木均可确定为金丝楠木；狭义上，也即业界公认的是产于四川的小叶桢楠才能被确定为金丝楠。

2. 金丝楠生长环境为中国四川雅安、邛崃、乐山、峨眉山海拔500～1000米的阴湿山谷山洼及河边，生长缓慢、生长周期长。树木成材需要60～80年，而到生长旺盛阶段至少要100年以上。木材有独特的香气，纹理直而细密，不易变形和开裂，为建筑与家具等使用的优良木材（图1）。在历史上金丝楠木专用于皇家宫殿、少数寺庙的建筑和家具。金丝楠木中的结晶体明显多于普通楠木，木材表面在阳光下金光闪闪，金丝浮现，且有淡雅幽香。

图1　金丝楠成套家具
（图片来源：翰林凿巧）

在中国建筑中，金丝楠木一直被视为最理想、最珍贵、最高级的用材，在宫殿苑囿、坛庙陵墓中广泛应用（图2）。据《博物要览》记载："金丝者出川涧中，木纹有金丝，向明视之，闪烁可爱。楠木之至美者，向阳处或结成人物山水之纹。"古代封建帝王龙椅宝座都要选用优质楠木制作，同时楠木还是古代修建皇家宫殿、陵寝、园林等的特种材料，该树种自清代起就非常稀有。北京故宫及现存上乘古建多有楠木构筑，如文渊阁、乐寿堂、太和殿、长陵等重要建筑都有楠木装修及家具，并常与紫檀配合使用。明十三陵中长陵的祾恩殿占地1956平方米，全殿由60根直径1.17米、高14.3米的楠木巨柱支承，是中国现存最大的木结构建筑大殿之一。

图2　金丝楠顶箱柜
（图片来源：翰林凿巧）

桢楠老料历经千百年醇化以后，有的质地变得晶莹剔透，如水晶琥珀；有的金丝累积到一定比例就产生步移景换之美，如波如幻，令人心醉神迷。金丝楠木以其朴实无华的外表，包裹着表皮下流光溢彩的质地，蕴含着天地之精华和灵气，沉凝而厚重，大气而内敛。这正与中国传统文人之精神情趣沟通暗合——沉凝大气、华而不奢、从容优雅、温润雍然、卓尔不群。

3.金丝楠木作为"帝王之木"深受欢迎，它有着以下几大特点：

（1）金丝楠纹理细密，且花纹种类繁多，色泽璀璨，精美瑰丽，有移步异景的特点。金丝楠木的美是流动的、立体的、纵深的，步移景换，光影摇曳，金波如幻，令人心醉。

（2）金丝楠木性稳定，不易变形或翘裂，所以非常适合用于制作家具。

（3）金丝楠耐腐防虫，深埋地下千年不腐，故宫廷建筑甚至皇帝的棺木多采用楠木。金丝楠木箱柜存放衣物书籍字画可以避虫。

（4）金丝楠木质温和。与其他硬木相比，导热率低，冬天不凉、夏天不热，用于制作床榻椅凳，使用不伤身体。

（5）金丝楠有独特药香味，淡雅清新，久闻有益于身心健康。久居楠香之屋，可以延年益寿。

4.金丝楠的纹理

金丝楠以纹理变幻多样为奇，从不同角度看纹理，颜色不同，且纹以美以稀为贵。欣赏纹理是藏玩金丝楠的一大乐趣。金丝楠纹理有数十种，最常见的有：金丝纹、水波纹、虎皮纹、水泡纹、凤尾纹、云朵纹等（图3）。

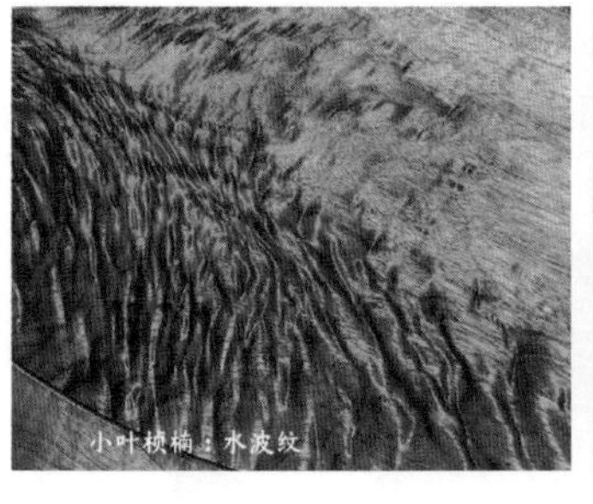

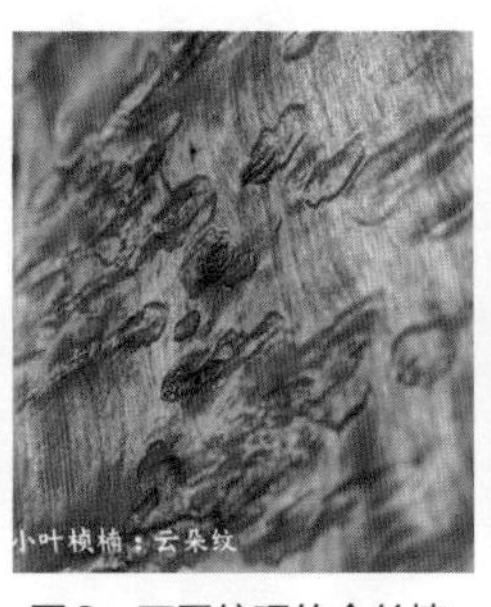

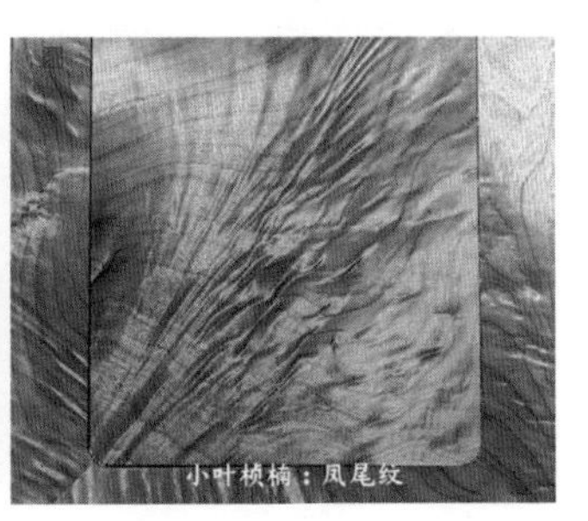

图3　不同纹理的金丝楠
（图片来源：翰林凿巧）

（1）金丝纹：这是最常见的纹理，可以看作木材的底纹，多出于直材。纹理如细丝状的金线，清晰流畅，阳光下金光闪烁，高贵典雅。

（2）山水纹：这是几乎所有木材斜切面上都会出现的纹理，形似山峰水涧，自然天成。

（3）水波纹：纹理如湖面微波，微风吹过，涟漪荡漾，令人心旷神怡。

（4）虎皮纹：纹理形似老虎身上的斑纹，深浅相间，且在斑纹中镶嵌金线，富有层次感，比较霸气，据说当年乾隆最爱虎皮纹金丝楠。

（5）瘿木纹：纹理如瘤状，也称为瘤疤，有局部留疤和整体留疤，前者是局部树材病变导致，后者主要出自树木根部。

（6）水泡纹：如同冰面下藏着的各种不规律的晶莹通透的水泡，这种纹理底色通透，立体感强又可爱生动，而且不同角度视觉效果不同，如移步换景。水泡纹是金丝楠纹理的极品。

5.由于金丝楠的纹理类似人的脸，很多人也就以貌取人。不同纹理的金丝楠木材市场价格也不同。而且由于金丝楠材贵价高，名气很大，市场上也就出现了很多冒充金丝楠的木材。这些木材主要有下面几种。

（1）黄心楠

黄心楠学名普文楠，产于我国云南和东南亚等地。木纤维比桢楠、桂花楠粗，分布较为均匀，色呈土黄或黄绿色，木质疏松，纹理大而宽，一般在一指宽。木材年轮较粗，年轮间常见白线。表面光泽度比较好，但荧光弱，通透性差。木料有酸臭味，干后味很淡，常被用来冒充带纹理的面心板，如图4。

（2）大叶楠

大叶楠又名豪樟、竹叶槁、落叶桢楠等，生于坡谷溪边杂木林中，分布于浙江、福建、广东、湖南和湖北等地。大叶楠纹路稍粗大、单一且极其有规律，欠缺立体感，木料无味或者略酸。大叶楠俗称“五角枫木”，原木为泛白的颜色，常被做色成金黄色以冒充金丝楠，如图5。

图4　黄心楠材质纹理
（图片来源：网络）

图5　大叶楠材质纹理
（图片来源：网络）

（3）黄金樟

黄金樟常被用来假冒金丝楠瘿木板材。它产于缅甸等地东南亚热带雨林中，又名山香果。黄金樟生长期缓慢，硬度较高，不易磨损。因含有极重的油质和铁质而具有较好的稳定性和耐酸碱性，特别防潮耐腐。成器表面经过自然氧化呈金黄色，富贵华丽。它是缅甸三大国宝（玉石、黄金樟、柚木）之一。

与金丝楠相比，在外观上，未上漆的黄金樟显得干涩黯淡无光，色呈现金黄、赤金和咖啡色。另外，在折光性及油性上，小叶桢楠的品质都要好于黄金樟；在气味上，小叶桢楠散发出清香味，黄金樟味道则有些微刺鼻和微酸。总体来说，黄金樟外在表现更加张扬，和金丝楠相比少了那份娴静和柔和，如图6。

现在市场上还有用几种木材混合冒充金丝楠，如用白楠做框架，黄心楠和大叶楠做心板，甚至金丝楠和黄心楠混用，以假冒满彻的金丝楠家具。所以购买金丝楠家具建议在可靠的商家购买。

图6　黄金樟材质纹理
（图片来源：网络）

注：翰林凿巧为成都翰林文化股份有限公司旗下家具品牌。

谁与争锋：血檀暗战紫檀

文/东海一粟

檀香紫檀有很多不同的表现形式，纹路、色泽、粗细各不相同。传闻非洲也有紫檀生长，比如，赞比亚紫檀（俗称血檀）鉴定结果与檀香紫檀争论很大，那么，非洲的小叶紫檀是否也有很多品种?

笔者最近实验了一些赞比亚紫檀木样，希望将实验结果供各位参考。

最初笔者从一堆血檀木样里面选出来几个木样。挑选的原则有：一是油性最好，最紫红的没有选，原因是怀疑已经完成色变经过，没见到具体的变化过程，所以没有挑；二是有开裂、有空洞的木样没有挑，原因是不清楚开裂是由于天然生成的还是后期导致的，有空洞的表面已经被认为涂蜡，看上去油性很大，颜色和檀香紫檀颜色变深后没啥大区别了；余下的木样中随机挑，尽可能选不一样的纹理、瘿子鬼脸、白茬颜色。

以下是关于比重、白茬、表观的实验经过与结果。

1.比重

对6块木样做了沉水实验。有一块是停在水中央（比重恰好为1g/cm^3），有一块只有一头上浮，其他4块木样均沉水。笔者认为血檀整体密度不会非常大，也有可能是笔者只收比重远大于1g/cm^{3}的檀香紫檀的缘故。

2.白茬

大多数木样的白茬和某些檀香紫檀非常像，棕眼极细，也有类似檀香紫檀的黑筋。在颜色比较方面结果如下：

（1）用血檀来划纸，和用檀香紫檀来划纸一样，显示橘红色；

（2）用酒精棉球分别擦拭多块血檀木样和檀香紫檀，血檀染在酒精棉球上的颜色和檀香紫檀一样呈橘红色；

（3）将血檀白茬在热水、温水、冷水里浸泡，用手和擦手纸抹和搓，掉色掉得有点猛。用擦手纸抹了一遍又一遍后，有一块木样侧断面如同新伤口出血不止，近于汩汩而出，真不愧学名是“染料紫檀”。笔者刚锯开的檀香紫檀白茬一样会掉色，所谓不掉色的刚锯开的檀香紫檀，笔者并未见过，就是号称千年拆房料的檀香紫檀也没见过刚锯开时新剖面用水抹有不掉色的。有些檀香紫檀新剖面入水掉色也很厉害。相对而言，血檀掉色似乎比檀香紫檀来得更猛烈一些。

3.表观

笔者手头的血檀木样有迷人的水波纹、和檀香紫檀一样满满的弯曲的面条纹、金星，这些都和檀香紫檀一样。

血檀木样棕眼普遍很小，甚至有一块血檀木样比笔者手头的一个檀香紫檀笔筒棕眼还小。以下是关于血檀变色的试验经过和结果。

（1）变色速度

笔者将所有血檀木样放玻璃窗下，见光（夏日太阳）暴晒后只大半天，颜色就变得非常深，对比压在下面的同一块木样的另一面，血檀变色明显非常快，远胜过笔者看到的许多檀香紫檀。

（2）变色后的颜色

血檀整体深黑带红，在阳光下看，这种黑红带紫色比较均匀一致朴实，不像某些檀香紫檀在阳光下看，呈紫红色，非常艳丽（许多檀香紫檀阳光下看到的紫红色还会有变化）。血檀与某些檀香紫檀的这种阳光下辨色的差别极细微，非常类似整块鸡血紫檀的色变（所以现在仅仅见到鸡血紫檀的图片）。

下面说说6块血檀木样在短时间内的光照变色情况。我们可以看到迎光面与背光面在短时间内就有了明显的色差。

图1的木样在水中有一头上浮。经过一天半时间的光照，出现明显的颜色变深和变混，色变速度和笔者一块檀香紫檀镇纸光照一周的色变速度几乎一样。

图2为未光照的紫檀木样背面的颜色，明显比图1光照后的表面色彩更鲜艳，纹理更清晰。

图3木样做沉水实验时是停在水中间的，密度约为$1g/cm^3$。光照的前后效果对比图1木样是完全一致的。该木样的未光照的新开表面颜色鲜艳，接近鸡血紫檀的颜色（图4）。光照后明显颜色变深。

以下4个木样（图5、图6、图7、图8）都沉水底了，说明密度是大于$1g/cm^3$的。

这个木样正面左上角能够看得到与檀香紫檀鬼脸一模一样的一个瘿子，还有比檀香紫檀牛毛更细密的棕眼纹路。另外，因为做沉水试验，捞出后及时擦干，即使隔了玻璃吹空调晒太阳接受紫外线，原本完整的木样也有了鬐丝裂纹（图5）。这是血檀易开裂细裂的证明还是仅仅是一个个案，有待研究。

图7这个紫黑料正反新剖面看得见明显的透底水波纹，与许多号称有水波纹的檀香紫檀一模一样，实话实说，这个紫黑料的品质比某些商人兜售的有水波纹檀香紫檀还静穆雅致。

图8木样有着明显的环形纹理（宝塔纹），黑筋部分稍宽，类似榆木宝塔纹，较为少见。

图9这个细细的黑筋纹交叉汇集和檀香紫檀细细的平行黑筋纹区别较大，不确定细黑筋纹的这个特征可否作为一个血檀和檀香紫檀的区别点。

图10这类血檀新剖面不但底色有变化，而且毛孔比檀香紫檀还要细很多，“杀伤力”非常强大，不仅仅看图片说话，就算实物在手，烫蜡或上生漆，买家头脑一热，也会很容易被坑进去。这就是所谓血檀“做成小件杀紫檀，做成大件杀交趾”说法吧。

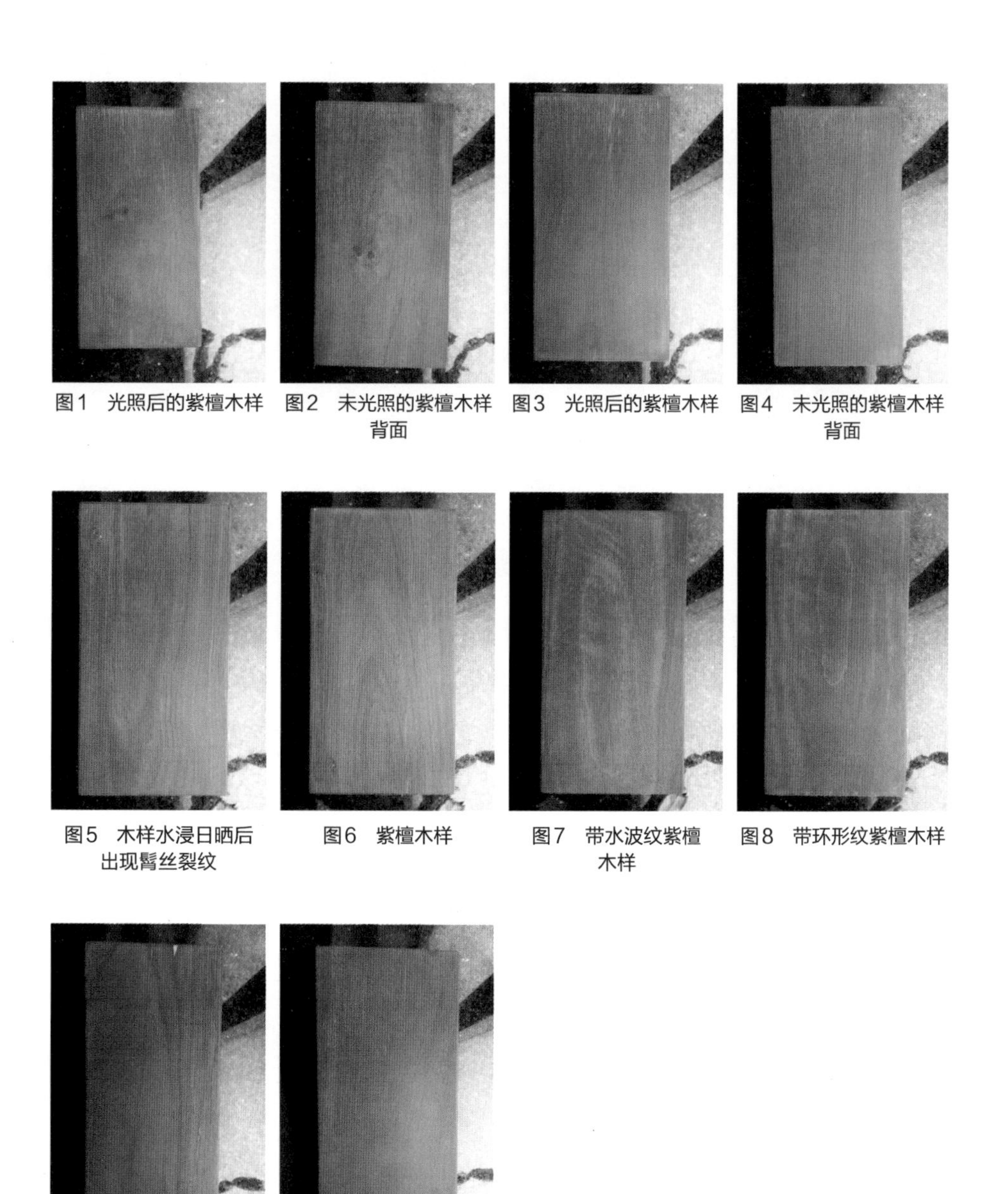

图1　光照后的紫檀木样　图2　未光照的紫檀木样背面　图3　光照后的紫檀木样　图4　未光照的紫檀木样背面

图5　木样水浸日晒后出现髯丝裂纹　图6　紫檀木样　图7　带水波纹紫檀木样　图8　带环形纹紫檀木样

图9　带黑筋纹紫檀木样　图10　血檀木样

下面从油脂感、荧光和味道三个方面说说笔者感受到的血檀与檀香紫檀的区别。

（1）油脂感

目前到手三天的血檀油脂感没有檀香紫檀那么强烈。笔者现存的檀香紫檀到手都有一段时间，时间超过1年的檀香紫檀油脂感凝厚得不得了，如同外面包裹了一层凝固羊脂，用水抹都抹不掉。

有人认为“大部分紫檀老料新切的或者新打磨的表面显得干涩是很正常的，因为木料够干，油性内敛；大部分好的紫檀木料放半个月或一个月后，内部散发的油脂在表面凝聚自然氧化后，油性的感觉就出来了；差的木料还是干涩的老样子。”这种观点认为好紫檀木料放一段时间，油脂会很快冒出来。血檀的油脂感是否一样，还有待观察。

（2）荧光

笔者通过实验证实，血檀木样泡水和檀香紫檀一样都有荧光。

（3）味道

笔者手头的这几块血檀木样味道有点杂，用节节草打磨表面，闻到多种味道：有淡淡清香的青草木香味的，也有淡淡的奶香味的，还有一点点酸味的。

相比之下，檀香紫檀的味道就单纯，只有一种纯粹的类似巧克力味的檀香味。新切削的檀香紫檀笔筒内味道集聚浓郁，经久不散。成器时间长久、表面层油脂凝厚的檀香紫檀笔筒就很难闻到檀香味道了，需要打磨才能闻到味道。要将血檀和檀香紫檀一起同时比对味道，需要非常有经验，单独闻血檀味道才行，没经验的新手是无法在实物家具现场用轻微的打磨这种方法通过闻味来鉴别。

个人看法总结：

在没比较过显微镜下血檀和檀香紫檀的木质纤维组织结构的情况下，笔者目前的直接感受是手头的血檀木样的油脂感与比重远没有檀香紫檀的厚重（也许比重大于1.11g/cm^3、油性高的血檀已经被塞进檀香紫檀里充当正料了）。

买檀香紫檀时有效规避血檀的建议：

（1）买檀香紫檀时，要挑比重一定很沉的——实际上用这个方法到商场买现货家具操作难度很大，毕竟现场无法做沉水实验或测试密度。所以挑比重还是靠经验。

（2）挑没上漆上蜡的檀香紫檀实物上手，油脂感一定要厚实——笔者只收这类比重大的檀香紫檀，仿佛内里有油脂源源不断地冒出来。

（3）抹水掉色不能汩汩如伤口出血——血檀的另外一个名称“染料紫檀”绝非浪得虚名。

（4）如果一堆血檀摆在一起，基于前面的经验，我们还是容易区别的。如果一堆檀香紫檀里混了1/5沉水的血檀精选料，那就要请天天锯真紫檀的木材师傅来看了。

图11是一张赞比亚紫檀（血檀）的原木横切面图，供大家参考。

图11　血檀原木横截面

酷似黄花梨，螺穗木（非洲檀香木）详解

文/大本（张超）

近年，国家标准红木原材的进口受到《濒危野生动植物种国际贸易公约》的制约，越来越多的红木家具商家开始寻找替代用材。很多优质的硬木材料开始出现在大众面前，例如酷似紫檀的血檀，貌似黄花梨的阔叶黄檀等。下面将要介绍近些年在江苏一带经常看到的一种优质木材——螺穗木。

在国外，螺穗木常被称为非洲檀香木。实际上，螺穗木与真正的檀香木相去甚远。国内在苏州常熟一带，螺穗木被人叫的最多的名字是“檀香花梨”或“东南亚黄花梨”。这些名字乍听有点“傍名牌”的感觉，我们仔细了解了该木材，发现这种木材材质相当不错。其木材质地坚硬，花纹绚丽，颇似黄花梨，而且有着清香的味道。

其实，螺穗木国内几十年前就进口过，南京林业大学木样标本室还有这种木材。2006年，南京林业大学邵颐和骆嘉言曾经在《中国木材》发表过专题论文《螺（状）穗（花）木木材研究》，揭开了这种木材的真实面目。而国内红木行业成规模地试用螺穗木却是近十年间的事情。

1.学术描述

根据《中国木材》杂志2013年第3期螺穗木专题文章介绍，螺穗木*Spirostachys africana* Sond，大戟科螺（状）穗（花）木属的树木，拉丁文意为螺旋状排列的花穗，故而得名，商品名称Tomboti或Tambootie，国外还称为非洲檀香木(African sandalo)，坦桑尼亚（Msalaka）等。根据wood-database.com木材数据库信息及多方资料知道，该木材成材一般5～9m高，树径30～46cm，心材气干密度约为0.95g/cm^3，比黄花梨重。

该木材纹理直，结构细且质地均匀，光泽强，硬度好，木材略重，花纹绚丽，油性足，心边材区别明显。边材乳白色，日久呈奶黄色；心材呈巧克力褐色，具深色条纹，条纹略呈黑色；生长轮略明显。大部分心材管孔具黑褐色树胶。具香味，木材燃烧后灰烬呈白色。

其微观构造生长轮略明显；导管呈圆形或卵圆形；管孔内含大量深红色树胶。木纤维细长，厚壁，径面壁具缘纹孔略明显。薄壁组织量多，呈不规则、断续的切线状或星散聚合。木射线每毫米16～22条，宽1～2列，单列射线多；射线高7～25个细胞，同形、少数异III型，射线有大小两类细胞组成，大细胞中常具结晶。心材各种细胞中均具有深褐色树胶。

2.形态特征

螺穗木树木为落叶或半落叶乔木，高可达18m，胸径可达40cm。树皮深红褐色，粗糙，浅裂成近方形，呈不规则纵向排列。树叶略尖，长3～5cm，宽1.5～2cm，叶对生浅锯齿缘，嫩叶常呈红色，老叶呈绿色，颜色明显不同。成年树木砍伐后横截面年轮明显，空心少见，边材厚度约2～3cm。如图1。

图1　螺穗木原材

该木材相对材质硬重，加工略困难，所做成品润泽光滑，手感极佳。就颜色来说，从拿到手的木样看来，总体感觉螺穗木的颜色基调为浅咖啡褐色，个别偏黄，但缺少黄花梨的黄中显红的感觉。经验丰富的木工一拿上手应该就可以区别。该木材弦切面呈现较为丰富的山水纹，黑筋稍显弥漫，与黄花梨非常相似（图2）。偶尔可以看到结疤（鬼脸），越小的材料结疤越多，但与黄花梨相比，螺穗木的鬼脸普遍较小，且大多是单眼，且眼中心经常是深色或黑色的树节，很少出现黄花梨常见的双眼鬼脸。

木材纵切面基本是直纹（图3），刨切面光滑并呈现出自然的蜡质感，偶尔可以看到绸缎纹、虎皮纹，及类似花梨木中的虎皮纹（图4），但在条纹的间隔规律上较不规则，颜色也稍淡，在灯光照射下经常可泛荧光，参见图5中的生漆和打蜡两个木样。

图2　上生漆成品弦切面

图3　上生漆成品纵切面

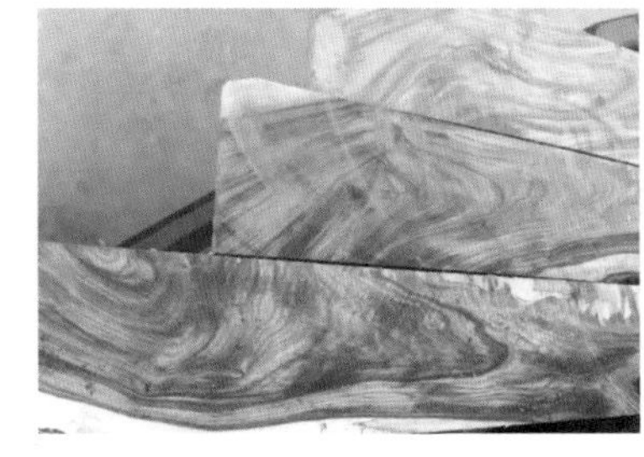
图4　变化多端的木纹

图5　不同表面处理工艺后的木样表观

3.木性实验

螺穗木号称非洲檀香木，但是其香味跟檀香木还是有所区别，跟黄花梨的降香味区别更大，非常好区分。开料加工时木材的香味显得比较浓郁，但是锯材稍微放长时间，香味就比较淡甚至闻不出来，这跟黄花梨木材尽管时间放久，余香犹在或稍加打磨即可以闻到清晰的降香气味有较大的区别。

为了检测螺穗木的油性，我们用打火机对木样进行烧烤实验。实验中可以看到，烧烤心材时，几秒钟后，大量的油脂从横截面处滋啦滋啦地冒出，同时在纵切面上可以看到少量油脂渗出，而边材则没有油脂渗出。由此可见，螺穗木心材的油性非常足。实验油性表现如图6。

实验还可以发现，当用螺穗木木样在白纸上划线，颜色为淡褐色，单次划线，颜色不太明显，连续摩擦10次，可以显示淡褐色，如果用烧烤的油脂面摩擦纸面，颜色加深，如图7。

图6　螺穗木油性火烧实验

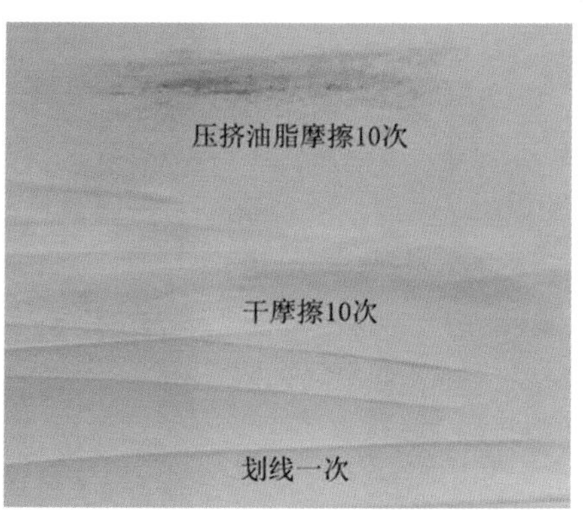

图7　螺穗木白纸划线

4.家具成品表现

螺穗木由于有着不输于普通国标红木特性的品质，所以制作成成品家具后，给人的印象颇好。

用螺穗木制成的家具成品，色泽和纹理上，远观非常接近黄花梨。尤其是上了生漆之后，家具表面在灯光照射下，俊秀回转的山水纹、活泼涌动的水波纹绚丽夺目，荧光呈现，间或鬼脸闪动；贴近抚之，润泽光滑，手感极佳。和黄花梨比较，其色泽比糠梨重，比油梨暗；纹理上更加丰富，绸缎纹、虎皮纹四处可见。这样丰富优美的纹理在红木中也不多见。说句实话，在我们看到的几件用螺穗木制成的上生漆成品家具中，单看某些个别的部件，和黄花梨家具摆在一起确实很难区分。不过当整体家具进行对比时，两者还是能够一眼能区分开。如图8。

综合而言，螺穗木和黄花梨的区分，建议从色泽、纹理、鬼脸、香味四个方面来区分。尤其是鬼脸和香味方面，两者区别最大。

5.市场行情

螺穗木材硬度高，韧性强，防虫防腐效果佳，非常耐用，色泽纹理令人赏心悦目。客观来说，此木材质地坚硬，出材率高，且稳定性好，非常适合作为高档家具、室内装饰的材料使用。

图8　螺穗木四出头官帽椅（苏州雅君堂提供）

鉴于螺穗木材色美丽，光泽明亮，材质硬重、香气宜人，其色泽、纹理、木性、密度、含油率等综合指标均超过国标红木里的很多木材，所以国内不少商家使用它来制作古典家具也就很好理解了。目前在江苏常熟、广东中山都不乏专门生产螺穗木家具的商家。由于黄花梨家具现在已经是天价，而螺穗木物美价廉，有些消费者会选择螺穗木家具来感受类似黄花梨的那种行云流水的纹理。

关于螺穗木的木材市场价格。2018年前后，该木材价格保持平稳，张家港码头价格原木一吨约为6000元左右，原木规格直径约20～50cm，供应量也很充沛。

总体看来，螺穗木各项特性表现不错，是一种制作古典家具的优质用材，由于使用螺穗木制作家具的商家数量还不多，故目前还不为大众熟知，接受度自然不如国标里的红木材料。不过随着国标红木的日渐稀缺，如血檀、螺穗木这样的优质木材会越来越多地进入大家的视线，成为未来古典家具的常用木材。

麒/麟/论/坛/菁/华/集

古典家具

装饰篇

第4篇

中式·雅居——明式家具在现代居室设计中的应用与变通

文/茅台酒

一、新中式误区与中式设计原则

在21世纪经济长期持续发展的大背景下，中国人对本土文化、民族遗产普遍产生了显著的自信回归与身份认同，不再一味崇洋。在这个颇具包容性的多元化时代中，“中式”已经成为一个极为响亮的强音，且还有着迅速不断增强的明显趋势。可以预见，未来，这一文化回归的趋势仍将会得到持续良性的发展。

由于多年隔绝，刹那间对传统文化的情感回归让很多人热切地想要拥有原汁原味的老房子、古家具。巨大的市场需要让一系列冒失的仿古作品喷涌而出，而这些仿古作品的年轻设计者们多半没有传统建筑装饰、古典家具物件的相关专业知识，也缺乏中国传统文化的良好素养。他们的设计语言往往流于造型、光影、质感、元素、符号等浅层次的排列组合。于是，我们身边的所谓“中式”设计作品常常洋相百出，让人哭笑不得。常见的误区有两个：一为生搬硬套、二是胡乱生造。

关于生搬硬套，有的作品中出现了把苏派云石挂屏设计得高达2m左右，靠墙摆放当作墙面造型使用。相信那个设计者很可能没有真正看见过这种挂屏的实物，只知道它是中国古代的装饰品。又有的设计在饭厅里居然放置了一个太和殿台基上用于礼仪活动的大型铜鹤香薰，也许设计者会觉得这个物件是非常地道的传统造型。另外还有普通民宅原样使用紫禁城的门窗款型，大门前的石雕狮子不论中西、不管雌雄……林林总总对传统建筑古典装饰缺乏逻辑理解的所谓仿古不胜枚举，这类生搬硬套的不雅表现，在我们身边层出不穷、俯拾皆是。

出于相同的原因，另外一类胡乱生造的中式设计也令人汗颜。在缺乏对传统进行有章法的逻辑推演的情况下，很多设计者被迫或取巧地将一些传统符号、古典元素进行简单粗暴的胡乱拼凑生硬组合一番就迅速推出。昂贵的有动辄上千万的犹如妖怪般令人肉麻发指的红木极品沙发，便宜的有在典型的板式家具上涂抹粘贴几个神兽瓦当纹样就自称中式设计，甚至将纹样换作不锈钢材质便自诩创新，美其名曰“新中国风”“新古典主义”云云。这类复制粘贴大杂烩型的设计虽然有着古典元素的外表，但终究有其形无其神。其中部分对造型比例、结构关系掌握得恰当的还可一观，而多半胡乱组合强行生造的这类物品总是让人感觉就是形神皆失的四不像，既不古典，也不现代。

合理的中式设计原则究竟应该怎样，这看似是当下设计者们面临的一个新课题，但回首百年、千年，如何对传统进行合理的继承发展，古人也已经有意无意地为我们做出了指引。那就是：在主要的精神脉络上对前人的优秀文化进行实质性深入的学习消化，让那个传统基因深刻融入设计者的文化骨髓，之后在创作实践中，根据当下的时代特征，对设计作品进行大胆的改造和演变，而这个演变又依然要遵循传统文脉的创作逻辑，从而实现“移步，不换形”的传承发展，达到“外化，内不化”的基因延续。

在建筑装饰及家具物件设计领域，我们有幸看见具有真正的、骨子里的中国文化气质的优秀作品不断涌现，它们有的有着显著的中国古典造型特征，有的含蓄地流露出对传统的敬畏与尊重，而有的索性脱下了传统的外衣，让人要细加品味方才会感受其骨子里的中国气质。它们不约而同地表现出了博大包容的时代气魄，既尊重传统，也接纳现代。

反观家居设计中的中式精神表达，也就是合理的中式家居设计理念。我们可以从功能布局与伦理秩序的关系、空间划分与文化特征的关系、材质应用与生命哲学的关系、造型元素与审美类型的关系等等诸多方面加以详细的综合论述，这个话题很大。在此我想就明式家具如何在我们今天的家居营造中再放异彩，如何让我们能够轻而易举地营造一个有品位的中式家居，或者说让我们能够轻而易举地打造一个既合乎传统精神又具有现代特征的真正新古典中国空间等予以说明。

二、明式家具与现代居室的审美关联

当今主流的后现代室内设计特色及其审美倾向大约是：功能结构上的实用安全、表达形式上的简约凝练以及精神内涵上的人文关怀，再加上与自然和谐相处的环保责任。它摒弃了现代主义设计的冰冷机器感；摒弃了传统古典设计的繁缛造作感；在让结构、功能、美观珠联璧合的基础上，还要实现民族的、地域的、历史的人文回归，同时还增添了人对自然的敬畏与责任，环保可持续也成为其中要意。简单说，21世纪的现代居室设计应该是结构功能安全可靠、表现手法简约凝练、精神内核饱含人性、营造全程低碳环保。

明式家具于明末清初达到了中国传统家具设计制作的巅峰，其建立在中国传统木建筑基础上的框架形式、榫卯结构，安全牢固自不待言，还充满既相互制约又共建稳定的阴阳相生虚实和谐的东方智慧，个中美妙令人叫绝。明式家具的设计中，已然巧妙地将结构、功能与美观进行了无缝结合，在完成器型的使用功能和力学结构的同时也实现了器型的审美表达。明式家具主流的表现手法相当简约凝练。百多年来就是这种主流的简洁凝练无数次让西方现代设计师们惊叹：这真的是300年前的物件吗？他们惊叹简约，我们熟睹空灵；他们说把不需要的构件统统拆掉，极简再极简，直到“装饰是罪恶”。我们说色不异空、无中生有，芥子纳须弥等，显然，明式家具的简约是结果，不是手段，也不是目的，它只不过是恰好与现代简约的审美趣味相吻合而已。这个300年前的简约比这个极简在精神层面高明许多。

再说后现代主义设计强调的民族、地域、历史的人文关怀，明式家具以鲜明独有的特色让人可以瞬间辨识其典型的“古典中国”属性，当中表现出的“天人合一”“顺天应时”的造物理念，“温润如玉”的质感及“外圆内方”的人格象征唯我华夏古来独有，也恰是当今世界对现代化、机械化、工业化、全球化进行反思之后的主流共识，它们不谋而合。

明式家具在其根本的造物审美精神层面就已经具备了与现代居室无缝链接的先天条件，在现代居室中，可以对其进行大量拿来主义般的运用，且绝不会因此觉得生硬、造作，营造一个既具有现代审美情趣又具有传统审美韵味的“中式”居室空间，明式家具可当重任。

三、新中式在家居中的具体运用

关于新中式在家居设计中的具体运用，首先从家居设计中最重要的客厅说起。客厅家具的基本配置常规会是这样：沙发、茶几、电视柜，偶尔还有装饰置物柜。明清时期的中堂格局不再，太师椅八仙桌、两椅一几早就退出历史主流。

明代当然没有电视机，也没有电视柜，这并不妨碍我们在传世经典明式家具中找到些器型直接用作起居室的电视柜，明式家具中炕桌、炕案、炕柜这个门类的器物很多长宽高尺度及收纳空间布局都很合适当作今天的电视柜。明式家具学术泰斗王世襄先生名著中收录的多款炕案就长期被人们直接当作电视柜使用，如图1。

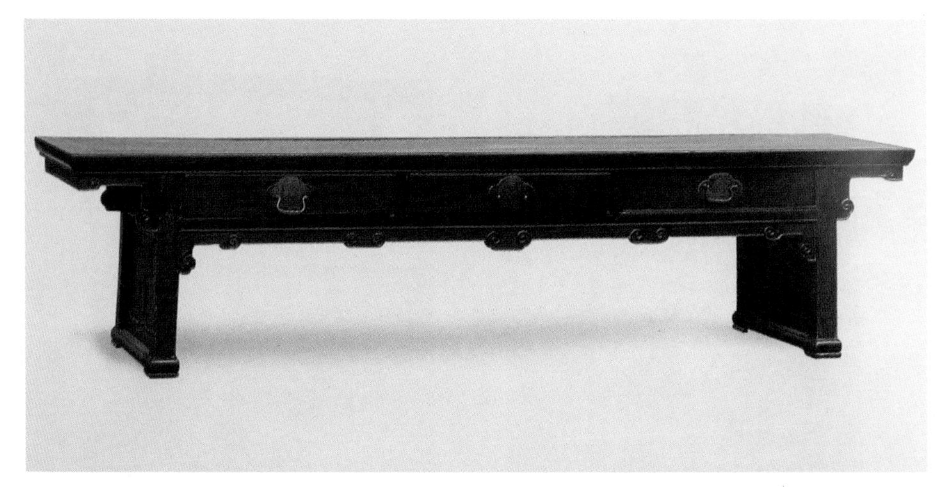

图1　王世襄《明式家具珍赏》三屉大炕案

这样的选择既能满足好古发烧友们对形制的追求：“看，咱这是在谱的经典器型，古为今用，原型出自行业代表作之一《明式家具研究》……”又能满足日常使用的实际需要，不至于顾着模样丢了功能。有时即便不能直接拿来，只需要对原型做一点小幅度的等比例缩放拉伸即可达到实用目的。另外，将一些漂亮的琴桌画案略做调整也能创作出符合现代家居使用功能尺度的电视柜。笔者也做过一些这样的相关尝试，效果看起来仍然既有古典韵味又具现代功能。

茶几的选型也不困难，明式家具中有着品类丰富的花几、香几、炕桌，均可以直接拿来使用或略做改变即可，如图2。

装饰置物柜更不成问题，明式家具中的两个门类可直接担当此任。其一是透格柜（图3），其二是亮格柜（图4）。20世纪80年代之前，它们都曾广泛存在于中国城

图2　王世襄《明式家具珍赏》鼓腿彭牙炕桌

图3　透格梅龙柜
（图片来源：殷明坊）

图4　王世襄《明式家具珍赏》亮格柜

乡家庭，有的作为储物柜置于厅堂，有的作为衣柜放于卧室，有的甚至作为碗柜被发配到厨房。这类柜子有着虚实相间的美妙造型，既能实实在在地储存大量实用物品，也能不事张扬地展示主人的小件收藏。客厅之中有此一对，其下柜门之内放置些常看书籍、待客之物，上层亮格或透格之中摆两件青花紫砂。从柜子到柜子中物件都甚具优雅之气，优雅之余还颇为实用。

其实，明式家具与现代简约派家具之间有大量的器型外观特征上是相交甚至重合的。若说它们之间的差异不过少数几点：一是明式坐具坐高大都为50厘米左右，与当今舒适的坐姿需求之间有5～10厘米差距。二是限于时代背景，一些今天的家具形式与古代并不一致，虽然器型大小、形式比较接近，但在室内的摆放使用习惯完全不同。例如卧室的大床，古代既没有席梦思床垫也不把大床置于房间当中。三是一些器型在古代完全就没有直接对应的类型，例如今天的客厅重器——沙发。

沙发在今天生活中有着重要位置，我们在家的非睡眠时间大部分在沙发上度过，不可不认真对待之。而古人并未给我们留下现成可以直接使用的成熟器型，这增加了从业者的创作难度，也就是说，无论怎样，任何具有古典韵味的沙发都将是前所未有的原创作品。设计是否成功关键要看其造型精神及结构逻辑是否仍然具有古典智慧和传统精神，同时还要看其使用功能是否吻合现代日常起居习惯及便于现代生产运输。

传统家具中本无沙发，近代西风所及方才有了些木制的成品传世，但多以追求“似洋”为目的，并不太乐意保留或融入前人传统样式，略有中国味也以晚清民国流行的虚张声势、假富假贵的繁琐风格为主，自信优雅、简约内敛的中式沙发不多。妖怪般的生造“战国沙发”倒不少，却总是令人发指。

明式家具中可资借鉴作沙发原型的款式首推罗汉床。罗汉床中有今保存于上海博物馆的王世襄先生旧藏的一款曲尺围子款，器型之美已然获得业界一致景仰，如图5。它的尺度比例、造型弧度等细节均算得千锤百炼，堪称典范。有沙发直接复制缩小上海博物馆款罗汉床的座身，等比例保留了其鼓腿彭牙颇具张力的优雅曲线，

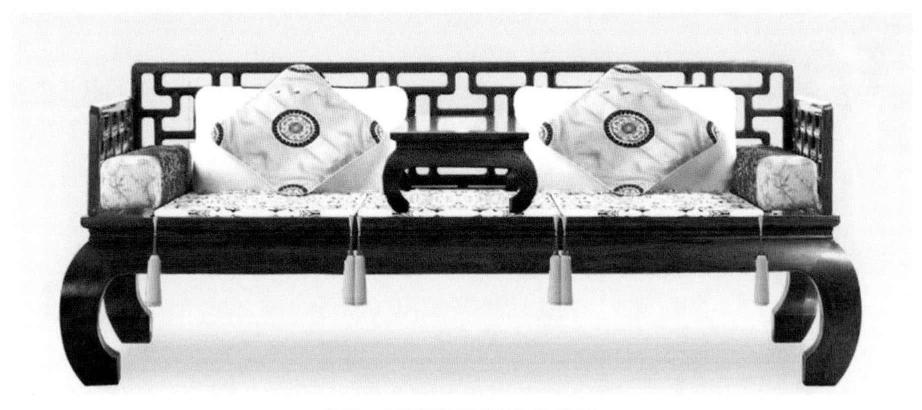

图5　上海博物馆罗汉床款沙发

图6　新中式沙发

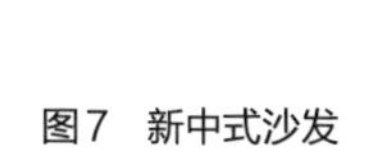

图7　新中式沙发

重点收窄坐深，靠背扶手亦可以改为实板，加高尺度。总之为适应现代坐姿进行了系列调整。最后加层海绵坐垫、靠垫、扶手垫。

当然，最彻底的改造可以在获得一个具有明显传统韵味的造型之前提下，将其内部软装彻底沙发化。也就是说不再以硬木作为座面，也不是在硬木基础上加层海绵坐垫，而是使用绷带拉簧再覆以薄海绵布面再来放置海绵坐垫，以期实现具有古典智慧和传统精神的同时获取与现代沙发一般无二的坐卧舒适感。

为坐卧慵懒舒适，今天的沙发坐高尺度很小，坐下后能实现全身放松，并不像传统讲究仪态风度。而古典坐具无论椅子凳子还是宝座罗汉床都有着几乎相近的50毫米左右坐高，这么高对沙发显然是不合适的，所以重新设计时需要降低坐高。

图6是一件根据明式直四出头官帽椅改造的沙发，非常适合现代生活简洁的节奏。图7是一件明显更有现代特征的新中式沙发。

图7这件器物如果去除雕花，增加软垫，整体而言就显得不是太有明显的中国古典外貌了。然仔细观察，其基本结构仍然是基座加靠背、扶手的罗汉床形制；更加重要的是，其内部结构是一丝不苟的地道传统榫卯，靠背及扶手与底座的连接都是经典的走马销做法，就连靠背扶手上的压板也是以走马销相互连接，且整体可拆装。牙板的云纹如意镂花、背板的云龙纹雕刻又在整体的简约中以强对比的繁复面目出现，生动趣味。因而这款沙发颇受好古青年喜欢。

可见，只要遵循造型精神及结构逻辑，保持古典智慧和传统精神内核，同时让使用功能符合现代起居习惯，就能在汲取前人海量的设计营养后做出合适的古韵新风。沙发就是一个可以大显身手的创作空间。

饭厅相对容易很多，明清以来的家居用餐环境与今天并无太大区别，因而有太多古人的餐桌、餐椅、餐凳之类可供我们直接拿来使用。当然若还能做一些细微调整就更能体贴到位。饭厅家具也不过这几种：餐桌、餐椅、餐边柜。

先说餐桌椅，五代以降，中国人的餐饮习惯从分餐走向会食，围着圆桌方桌一起进餐是我们的千年记忆。但最近数十年来，由于诸多原因，长方形饭厅设计及长方形餐桌设置成为城市家居的主流。尽管大家都感觉这样的设置并不利于我们会食制的用餐方式，但是它已然成为时尚，而且无人阻挡。方桌圆桌的传统饭厅布置已经很少出现在现代家庭，好在目前社会多三口小家，一家人姑且使用长餐桌的一半即可。尽管如此，传统方桌改为长方桌也还是容易的，再说明式家具传统器型中也有不少长方桌，只不过当初并不把它用于进餐使用罢了。

餐桌设计好后，餐椅则需要略做坐高调整，使之保持在40～45厘米，以符合现代人坐高习惯。调整坐高不是一件简单的事情，这需要从全局出发，进行整体协调，才能让降低坐高后的椅子不会显得侏儒化。不过只要多加斟酌，降低坐高后的明式家具新设计作品也还能保持住那种空灵挺拔、精神干练的古典气韵。既然使用了长方桌形式，不妨再加点主次变化，把两端餐椅设置得高大尊贵些，中间的寻常些，不仅让它们有着形式上的长幼秩序，在视觉上也有起伏变化，如图8。当然，若是遇到方形饭厅，古典器型中海量的八仙桌、鼓桌和灯挂椅就是取之不尽用之不竭的设计资源。

图8　餐桌椅

最后看餐边柜，根据不同的户型大小，我们能轻易在传世的经典明式家具各大博物馆藏品中找到可以直接拿来使用的款式，例如这个著名的联二橱（图9）以及联三橱（图10），还有各种各样的闷户橱等。它们的高度、宽度、收纳空间格局都很适合当今家居饭厅做餐边柜使用。考虑部分家庭有饮用红酒的习惯，餐边柜还可以将传统的圆角柜、方角柜进行简单的改造来使用，即将门板、隔板、侧板改为加厚的钢化玻璃，晶莹剔透的酒柜便立即呈现。基于人的身体基本尺度、柜子类家具的使用方法，以及柜子在古典家具中的精神地位等因素，宋明以来的柜子在尺度、功能、造型等方面与今天的柜子差异并不太大，因而有众多器型可以被今天人们直接或小改之后应用。

我们再说说书房。明式家具是明代文人参与设计、监工制作的工艺门类，对书

图9　联二橱
（图片来源：璞真堂）

图10　王世襄《明式家具珍赏》联三橱

图11　上海博物馆明清家具馆书房展区

房的重视当在情理之中。打开明式家具经典文献，其中书桌、书案、书架形式繁多，美不胜收，连位居苏作家具中心的苏州博物馆也以一个书房为代表展示其明式家具制作的文化遗产，上海博物馆明清家具馆也有专门的书房展区（图11）。将若干明式桌、案以及琴桌、琴凳等直接拿来放在我们今天的书房，简直就顺理成章、天衣无缝。或许有人会觉得这书桌漂亮是漂亮，但没收纳空间，没地方放电脑主机、键盘等。且不说现今家用电脑好多已经是一体机或笔记本，即使仍然用传统主机搭配也不是难事，配上一个明式提盒或官皮箱在桌子一侧装主机，一切问题就可以迎刃而解，桌面放置一个都承盘，还可作小件收纳。既整洁实用，又不失古典风格，还没有生搬硬套的勉强感觉。这样若都不行，还有一件重器——架几案（图12）。明式架几案只需把两侧几封闭，案面加宽就成了可大量收纳现代办公用具的书房案子，实用性丝毫不差专业办公家具。

书房还有中心器物——椅子。书房主椅适合选用带扶手的四出头官帽椅或者圈椅。这个椅子倒是可以不必修改坐高而直接使用经典款型，然后在座位下增加一个脚踏，最好还是传世图谱中带滚轮的脚踏。解决了椅子坐高过高问题的同时，还让伏案的主人得以自我按摩，刺激脚下诸多重要经脉的起始穴位，缓解和调适久坐带来的各种气血瘀滞症状，两全其美、何乐不为。

图12　架几案

图13　矮南官帽椅

图14　茶室示意图

明式书架空灵秀美，即使上面什么也不放置，架子本身也是艺术品，当那上面摆满书籍文玩后，它又成为一个实用器。很多人会抱怨明式书架格子太少，装不了多少书，这个容易，增加隔板即可。书有大小，书架分层亦有高低变化，中间加以抽屉，既方便使用，又增强整体结构，还打破视觉上的单调感，增加隔层的书架并没减少中式传统韵味。如此这般仍然有人会抱怨书架容易积灰尘，不便清洁。那便不要书架，改为书柜。书橱古已有之，不过将其实木门改为玻璃门即可。不过玻璃毕竟过亮，与中式器物温文尔雅的格调相去甚远，不如舍玻璃而取薄纱，朦朦胧胧半透不透更有无尽魅力，设计制作时预先考虑纱橱做成方便撤换清洗的，这样一来，书柜就接近新中式所要求的完美了。

读书之余，对中式空间钟情向往者大多也爱熏香品茶，可能的情况下，茶室是必须的。茶室家具配置基本也是三件：茶桌、茶椅、博古架。

熏香品茶是种平静放松的修行，坐姿自当放松，不必再像居于厅堂中那般正襟危坐，因此茶桌椅宜矮不宜高。恰好，王世襄先生著作中收录的一件榉木矮南官帽椅正和此用，居于其上，可跏趺禅定，可慵懒倚靠，很是惬意，与茶室格调丝丝入扣，配张矮桌子即可成为最恰当的茶座，如图13、14。较小的茶室也可以选配更小的同类型茶桌椅，气质韵味俱在，大小无所谓。

桌子的配置除了尺度及风格要和椅子协调外，还需考虑各式茶具的实用配套，诸如高度应该刚好容纳废水桶及给水桶的高度、牙板宽度最好能够遮挡各种水管、桌面足够放下常规茶盘后还有富余的空间放置香道器皿，烧水的电炉能镶平在桌面会显得整洁，桌面边沿最好还要起拦水线，不让溅出的水滴流淌到地下或饮茶者的膝盖上。

一边品茶，一边也少不了赏鉴文玩古董，博古架想必是茶室应有之物。虽说博古架严格讲不算明式家具，它产生于清初，成熟于盛清之后，但此处姑且不必太过拘泥，清爽简约的博古架与明式矮南官帽放在一起，仍然让人觉得和谐适中，丝毫不会产生视觉上的冲突。

总之，茶室本就是风雅古典之所，全然仿古，丝毫不迁就现代感觉也不为过，所以，茶室的设计布置、家具选用在整个居室中相对是少受制约、多可发挥的。纯粹的仿古型和现代新古典型均能在此各放异彩。

到此，还剩下一个最重要的空间——卧室。

现代卧室的主要家具设置为：大床、衣柜、梳妆台。看起来基本功能上与明清时期并无太大差别。但是当中却有个无法通融的环节：古代床放置于卧室的最靠里面的角落，三面围子，一面上下，上下还有几多繁文缛节，其上附设蚊帐架。与今天大床放中间，三面自由上下，不设蚊帐架的摆放格局大相径庭。于是，现代卧室的大床也面临着无法直接拿来的创作课题。常见的设计思路大致有三。

一是将古典架子床的蚊帐架去掉，留下部分靠墙一侧的围子，再增添两个相近风格的床头柜，形成一组有古典形制带现代功能的床柜组合。尽管使用功能完全现代化，但材料选用、造型原理、结构方式、细节风格、制作工艺仍然是明式巅峰一脉相承。

二是将古典榻及榻头放置的榻屏进行固定组合，再增配床头柜，形成新的现代床柜组合(图15)。原本古榻与榻屏的造型结构形式及上下方式和今天的大床非常接近，在经典中汲取营养并谨慎变通也是一条传承创新的合理道路。创作中只要将现代起居习惯、现代床上用品如席梦思等的使用考虑进去就能得到不错的协调效果。

三是直接使用现代床及床头柜的基本形制，不过对其局部造型、纹样、装饰进行拓扑化的古典表达，这一方法最为简单易行，但也最易流于浅表。例如现代大床有很多是床体封闭的，其间用作储存空间，无法通风透气，这一点就与传统造物顺应天地、合乎阴阳、天人交流、吐纳收藏的华夏健康理念相背离，再多古典纹样也会让整体露怯，形中国实不中国。

另外还有一些房间够大，空间够高的，自然也可以直接套用古典形制，只将上下床方式略做调整即可，这样的大床古典浪漫，能极大满足好古者的文化心理需求，如图16。

现在也有一些厂家推出一些极简式的新中式大床，横竖简单几根柱梁搭建出一个立体框架，配上素色薄纱床幔，却能传递出骨子里的中式味，也是不错的选择。

大床的形制定下来，对应的床头柜就相对容易，古典矮柜中有太多适于做床头柜的蓝本。

卧室的另一个主角是大衣柜。纵观古典衣柜，顶箱柜（图17）几乎都可以直接用作衣柜使用，只需要对里面的空间按符合挂衣需求进行重新设计即可。但就储存空间效率而言，无论怎样顶箱柜也比不过现代整体式衣橱。因此空间较小的卧室不妨就用现代整体衣橱，只要将它处理到最简单简洁即可，喜欢的话可以配几个中式图案的拉手点缀。这样，体量硕大的衣橱将不会对你的中式卧室整体风格产生破坏。若对储存空间要求不是那么苛刻，还可以直接使用各式顶箱柜当衣柜，有硕大无比的、有小巧精致的，还有传承古典适应现代新创的，选择面并不狭窄。

梳妆台就不必多虑了，古典家具中适合的梳妆台、梳妆凳直至镜架、首饰盒等，无不有着丰富成熟的器型可供直接使用，如图18。

说到这里，一个充满古典风格、满足现代功能的家居空间已经跃然纸上。其中，经典明式家具及适当变通的明式家具作为主角确实比较出色地完成了它的任务，让居室有着成熟简约的雅韵，毫不矫揉造作，于波澜不惊中从容散发着厚古而不薄今，开放包容、疏朗恬淡的雍容气度。深入了解和熟练运用这些家具，对于现代中式古典风格空间营造将起到巨大的、资源性的良性效果。

居室空间除了上述几个主要部分，还有厨房及卫生间没有提及。由于现代与古代的厨房卫生间在空间大小、使用方式、操作流程上区别都较大，想要直接使用已有器物并不容易，例如厨房可以把组合式橱柜吊柜按照明式柜架的外观形式、结构原理来制作。至于卫生间，现代的西式卫生间显然比我们传统中曾经出现过的平民卫生间好很多，对此我们可以从容坦然地接受优秀的外来文明，不过在其中用上实木浴桶、把明式橱柜当作洗面台也能获得不错的视觉及实用效果，不过台面需做好桐油油漆防水，也可以设置大理石台面（图19）。

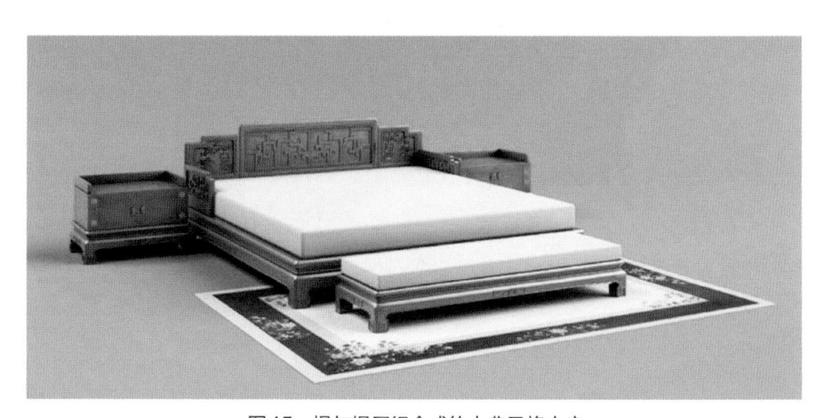

图15　榻与榻屏组合式的古典风格大床

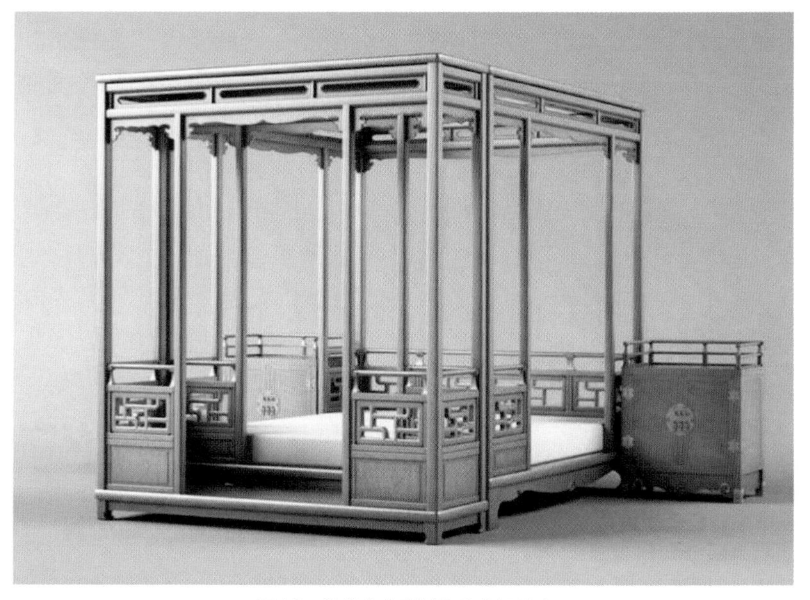

图16　传统古典形制的改良架子床

图17　顶箱柜

图18　梳妆台

小物件方面，各式灯具、小型箱柜也是可以直接拿来使用的，此处不再详述。

综上所述，不难发现，由于明式家具在造型结构上有着极高的美学价值，世俗功能上有着极高的实用价值，工艺制作上有着极高的环保价值，设计理念上与现代设计有着许多不谋而合的相似之处，与我们今天的居室空间应用的价值观也有很多重叠。因此我们面对祖先这一优秀的文化遗产，在文化脉络略有断代的背景下，完全可以对其进行大量简单的拿来主义式应用，诸如餐桌、书桌、茶椅等；也可以对其进行少量的局部改良便达到目的，诸如椅子、茶几、书架等；还可以按照其造物原则进行适合当今使用习惯的粗浅创作，诸如沙发、大床、橱柜等。

图19　二联橱洗脸台盆

总之，在进行现代中式风格营造时，只要在主要的精神脉络上对前人的优秀文化进行实质性深入的学习消化，让那个传统基因深刻融入设计者的文化骨髓，之后在创作实践中，根据当下的时代特征，对设计作品进行大胆的改造和演变，而这个演变又依然遵循着传统文脉的创作逻辑，就能够实现“移步，不换形”的传承发展，达到“外化，内不化”的基因延续。伟大的明式家具为我们今天的居室中式风格营造提供了大量的优秀素材，让我们可以轻易地获得既有传统韵味又有现代功能的新中式空间，让我们能有序传承古典家具文化、家居文化、建筑文化的精髓，并在传承中汲取精神营养，最终还能站在巨人的肩头进行自己力所能及的逐步深入的原创发展，最终让我们的优秀传统得以延续，得以发展、得以复兴。

这是我真诚的祈愿，想必也是所有对传统文化充满敬意、充满虔诚的人们的共同祈愿。

书房雅趣

文/thinker（施峻）图配文/大本

书房，应为安静之所。在书房里，静心品百味人生，学习先贤思想智慧，沉思静悟、安顿心灵，置身其间其乐无穷！

平日得闲，打理书房玩物算是最重要的事情了。“山不在高，有仙则名；水不在深，有龙则灵。”器物不在于贵重，有雅趣才好。

图1　书房示意

书房墙挂横匾，宣示斋号，显高远立意（图1）。

书房设书桌、主座和客座，书架、边案，空间小而充实。选器明式，简洁清雅，四出头官帽椅配带屉板小平头案，貌似标准搭配。

案上可置菖蒲和奇石（图2、图3）。

桌上小件往往是书房里的亮点。笔者购置了这个三弯腿小案几，放几个红木摆件、常读的书本、盆景（图4）。

图2　菖蒲和奇石

图3　菖蒲

图4　桌上小件

文人书房不能少菖蒲清供。《诗经》云“彼泽之陂，有蒲与荷”。菖蒲让书房顿显生机与清雅。

笔筒是书房的必备。我喜欢光素的感觉。

笔筒边上的漆盒是淘来的旧货，油漆有些龟裂了，更显古意。盒里可以放些小物件（图5）。

图5　笔筒和漆盒

观赏石可大可小，太湖石、灵璧石俱可。玩石头讲究奇、透、脆（图6、图7）。

图6　观赏石1

图7　观赏石2

文盘是书房的标准器。可以是简单的四围板式盘，也可以是复杂的都承盘，用于放置砚墨印或临时收纳手把件。

爱好书法再置一紫檀笔挂，最是搭配（图8、图9）。

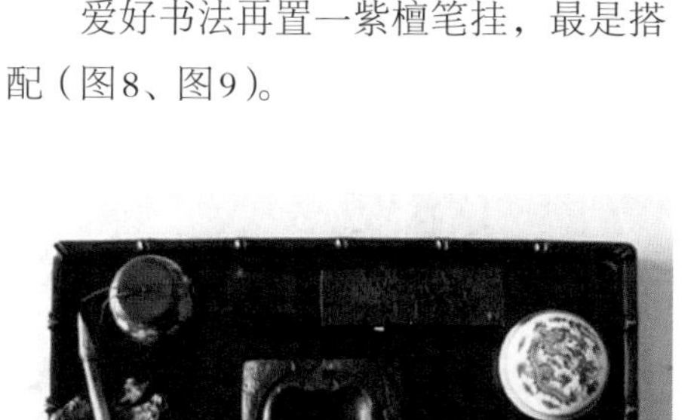

图8　文房

图9　笔挂

与木栖——新老混搭

文/子础（孟渊）

从小生活在苏州，园林自然是小时候常去的地方。那时候都用园林券，但小孩子一猫腰跑进去了自然也不会有人来赶出去。后来学绘画，接触的古代绘画中描绘古人日常生活的画面就更多了。也许某种意义上讲离古人的生活近了，反而更看到的与当今生活的差异。对我们绝大多数人来说，不管公寓还是别墅的居住环境，内部的结构、高度和我们传统建筑相差甚远。这种距离不是摆点明清家具，装几片花窗，放几盆盆景能模拟的。

现代的居家布置应当符合当下的客观条件，生活舒适、布局合理是最重要的。我和太太注重舒适性也喜欢明式家具，所以自己的家是按照混搭的基调来装修的。这套房子已经住了三年多，虽然有部分遗憾和不足，但整体还是满意的。硬装尽量简单，做一些花哨的造型和背景除了花费较高之外还不利于后期的摆放效果。轻装修重装饰，注意前期的架构改造和灯光设计，后期可以通过家具的摆放，软装的陈设来随时调整居住空间（图1）。

就个人经验来看，颜色的混搭，新老的对比放在一个空间会有意想不到的效果。

除了玄关、厨卫，所有的地方我都用了地板，“人”字铺看似美式其实是不折不扣的中式铺装方式，计成的《园冶》中就有这样的描绘。“人”字铺实际起源于席草的编织，无漆无蜡是全家少有的裸奔木制品。

手上老家具很多，但成套的不多。后定制这一些形制过关，做工考究的新家具并将布局调整了好多次，这也是乐趣所在。

家具有新的有老的，有美式有中式，有明式有民国，有黄、红、榉、柏、楠、榨榛，还有自制的铁艺家具。

玄关放了一个一腿三牙的条桌，选择它的原因是够窄，造型也比较空灵，不浪费空间。边上是一个南宋的太湖石莲花座。居无石不雅，于是又放了一些石雕或赏石，可以在材质和颜色上和家具做一个互衬。

客厅中央位置没有选罗汉床。客厅还是休闲放松的地方，一张宽大的皮沙发比罗汉床或者新中式的坐具要更舒适。既然是混搭那没什么不可以。沙发边的小圆桌是民国榉木咖啡桌，家里留下来的，承载了几代人的记忆。茶几是我自己做的，2厘米的小方管，上面自己做一个木质桌面刷上自己想要的颜色。沙发另一边则是一个老的香几摆上一大盆蒲草（图2）。

图1　空间示意

图2　客厅陈设

电视机不管放在中式、欧式、美式都有点煞风景，所以做了一个移门。不看电视的时候关上就是一幅画，不影响整体氛围。以前画了一批的银箔画本来打算用在这些地方，后来觉得在这个空间亚麻布的颜色相对金银箔更合适。

餐厅用了一个四面平结构的餐桌，2米多长，常覆桌旗，以后如果不做餐桌了做茶台或者画桌均可。桌边平时放六把椅子，人多的时候还能多放两把。餐桌两头的椅子是弯材四出头官帽椅，两边是艾克书上那款直搭脑开光背板灯挂椅，这两件家具的构件都很纤细，所以放在一起也比较搭。桌子端头靠墙放一张大翘头案，优点是够长，能随意摆放不少东西。案子的两侧常放两件喜欢的坐具，经常更换保持新鲜感。以后打算换一张圆餐桌，这样更符合这个客厅的尺寸。案子上面经常放一些摆件饰品，有我喜欢的插屏、枯荷、灵璧石，冬日在随形树桩里插几根怒放的腊梅，意境非常好（图3、图4）。

餐厅旁边原来是茶室，放两把矮南官帽椅，中间放一个四面平茶几。后来阳台的罗汉床处被改成目前的布置，放一张窄榻，这样夏天午后可以在这儿小憩。对面的铁艺长案也是自己做的。边上的漆雕银箔几很提色。银色也是百搭色之一。

图3　餐厅陈设

酒柜自然不能少。纯中式的家具杯子都没地方挂，混搭是最好的解决方案。靠垫、桌旗、桌布可以软化家具的冰冷感，使其更好地融入环境，而且可以常做更换，达到不同的效果，效果比搬动家具快多了。

楼梯下面的位置观看距离比较远，观感不错，通常放一件自己比较喜欢的家具。坐具更有雕塑感也易于搬动存放，所以此类家具我买的比较多。建议有兴趣的木友可以从购买老的坐具类以及小案、小条桌、小几开始。各种老的石雕、石盆、赏石，案上摆放的文房类的木器都是不错的选择。沧桑的质感、熟糯的皮壳一定能给你不同的感受。

图4　饰品陈设

楼上是书房，空间比楼下高一些。书架没有用传统家具而是在墙面直接做的，这样摆放空间更大一些，也和环境更融合。如果都是定制的家具很容易搞成家具卖场的感觉。书案本来用的是一张经典的云头案，虽然是经典款，但实在太多见了，后来用了这张榉木云头案子，云头做成波浪状，腿打洼两边起委角，这在苏作家具中不是常见的式样（图5、图6）。

随时调整、折腾是我们爱好居家空间之人必不可少的，这个香几的内翻浅马蹄、冰盘沿和束腰都亦是早期制式的表现（图7）。

新老混搭，设计舒适典雅的居住空间。

图5　书房陈设1

图6　书房陈设2

图7　香几

江口渔民的降香情怀

文/大本

渔民住在上海长江口的宝山。听渔民自己说家中藏货颇多，特别羡慕。想去渔民家瞻宝的愿望已经埋在心底很久了。这天是周六，我们一行三人驱车赶到宝山区吴淞口附近的渔民家。主人热情地招待了我们，让我们感到冬日里的温暖。

渔民家里是一个错层的三室两厅居室，地道的中式装修。进门是餐厅，右转下台阶就是豁然开朗的客厅。客厅直扑眼帘的就是靠墙正中摆放的黄花梨罗汉床和背墙上的隶书小字横幅，它们奠定了整个房间装饰的基调（图1）。

图1　渔民的客厅

经过渔民的介绍，我才得知渔民是一个典型的黄花梨痴迷者。家里搜集的大多是黄花梨家具，兼藏兼用。大件有罗汉床、交椅、四出头官帽椅、长案、八仙桌、南官帽椅，小件有树桩、鸟笼、算盘、拐杖。下面就一件件道来。

在渔民家客厅的一角，伫立着一棵黄花梨树桩，高约1.8米。黄花梨树桩也见过一些，但是这样高大完整，尤其是浑身如此晶莹剔透，而且遍布生动美妙的花纹和鬼脸的树桩却非常少见，真可算是主人的镇宅之宝。同行“古友”无不对其摩挲良久，爱不释手（图2、图3）。

主人的黄花梨罗汉床外框是油梨，颜色深沉，稳重细腻，油泽感强烈，心板是新黄花梨的，花纹就显得散了很多（图4、图5）。

图2　渔民的镇宅之宝：黄花梨树桩

图3　树桩上生动曼妙的鬼脸

图5　床面新黄花梨纹理

图4　客厅的黄花梨罗汉床

主人在上海一家红木厂家定做的四出头官帽椅。四出头的搭脑纹理比较清晰，对比分明，而背板的纹理就细些，背板色泽也淡些。主人认为搭脑是老的海南黄花梨，而背板就比较新，来源也杂些（图6）。

图6　黄花梨四出头官帽椅三件套

主人的一张黄花梨长案摆在客厅的电视墙边上，是地道的海黄老料制作。该案采用经典明式平头案标准制式，宽近60厘米，四腿八挓，前后腿间有双枨连接。牙板两端在腿处呈卷云头状，显得宽厚大气。案的特别之处，一是两头的托角牙子用的是油梨老料，二是中间的牙板前后侧面的图纹为连环水波纹，而且涟漪层层叠叠，极富韵律之美，极其罕见（图7）。

图7　黄花梨案桌牙板的涟漪形纹理

图8　黄花梨方桌

图9　黄花梨南官帽椅

在主人的餐厅，正中的黄花梨方桌呈现着诱人的光彩（图8）。可是据主人说，桌子却带着一段遗憾。主人从外地淘来此宝物的时候，本是老货，有些年头，但是桌面心板已经损坏。只好请厂家用新料补了个心板。因此老货不再老了。

主人为餐厅的黄花梨方餐桌配了一对南官帽椅（图9）和一对方凳。南官帽椅是主人从浙江东阳淘来的旧货翻新的。来的时候，这对椅子并不是一对的，主要区别是靠背的高度不一致，而恰巧，两个椅子的座面却出奇的一致，特别是在制作工艺上，它们没有采用明清家具的典型45°格角榫攒边做法，而是使用了很少见的直来直去的直榫侧拼做法，心板与面框在座面做平。面框在大边上而不是两边抹头上出明榫。这是过去海南土作家具的特有做法，其他地方鲜有看到，可以作为判断器物来源的重要依据。

主人在淘来宝贝后，对其进行了修复，主要锯短了高的椅背，更换了损坏了的搭脑和步步高管脚枨。南官帽椅刚淘来的时候灰头土脸，经过主人重新清理打磨上蜡以后，焕然一新。

再看看主人的小件。主人的卧室橱柜上立着一个黄花梨木桩摆件（图10），高约0.5米。置于卧室，降香盈梦，何其爽哉。左边放着黄花梨的鸟笼，这样的鸟笼如果养鸟，过于奢侈。

主人窗台的案上躺着一个黄花梨的算盘（图11）。黄花梨极其珍贵，用黄花梨的下脚料做成算盘珠子，也算是物尽其用。

面对这样痴迷的黄花梨藏家，心里无比钦佩。

图10　黄花梨木桩摆件

图11　黄花梨算盘

古典家具之现代陈设

文/茅台酒

下文摘录自本人旧文《中式营造·得意忘形》之局部：

折服于祖先无与伦比的灿烂文明，尚未年迈的我无可挽回地爱上了各种各样的“传统”以及形形色色的“中式”，进而对于建筑环境、室内空间的中式设计有了些许感悟。

暗想近年的些许感悟或会对此略有助益，或能帮助行外朋友找寻“中式营造”之门。进言之，倘还能使人脱离所谓“元素”“符号”而全力考察“骨子里的”“精神深处”的中式，岂不善莫大焉？

传统文化是个大题，说清楚什么是中国传统建筑环境设计远非一篇短文可以胜任。然真正具有典型中国文化内涵的居住空间有何特征，确是我们今天进行任何“中式营造”前必须掌握的。在浩如烟海的典籍图册、多如繁星的遗存实例中不难发现：所谓中式住宅的典型特征大致该是“变化、交融、中和、自然”。整体布置、局部处理、光影关系、材质运用概莫能外。几乎所有中国传统文艺科目的精神内核也都近乎于此，原因正是它们都形成于相同的国学背景。先哲们基于古代的农耕背景对天地万物所进行的观察体悟，形成了中华民族未来延续数千年的根本哲学观念。这些观念最终在居室营造过程中则表现为：

变化：不变是暂时，变化才永恒。(《易》为五经之首，易者变化之道。)

交融：交融、流通、模糊而不封闭隔绝。(模糊本是中华文化的特征。)

中和：居室、居者、用具构成中和整体。(中和本是天地万物的大道。)

自然：住宅人造，亦为天成。(顺应天道、合乎自然是华夏千年的造物规矩。)

常见这样的设计：大面积落地玻璃、全封闭阳台门窗、中央空调、通风系统、藻井天花满布射灯、中式木雕门窗、明清红木家具、墙面点缀名家字画、架上尽是玉器青花、甚至背景音乐都是古琴曲《高山流水》……看来非常传统。

这就是眼下“中式设计”的普遍模式和典型案例。这种做法其实仅仅使用了一些浅表的传统符号，即便所使用的符号再精准、再地道，也无法改变整个居室“非中国传统”的本质。就像穿着长袍布鞋的洋人，即便长袍来自“瑞蚨祥”，布鞋出于“内联升”，而穿着者本质上终究不是中国人！当然，如果只考虑展现点中国元素，这样做也足以让业主兴奋。

对追求“骨子里的”的中式设计者而言，这样则流于形式，不够地道。那地道中式设计又该如何？我以为还得从上述几个原则着手，吻合中国文化内涵的设计便是地道的中式设计。本文就典型环节予以阐述，即便挂一漏万，也略有管窥之效。

整体布局——善用造化之力就是最中式的中式，最传统的传统。

局部处理——让住宅有生命、能呼吸、顺应四时、天人合一。

光影关系——柔和、中庸、不偏颇、不极端、依托现状、利用自然。

材质细节——运用天然材料、保留原始形态、琢磨温润质感。

上述环节在各有原则的情况下还应相互作用，交叉融合，循此方向，不断摸索或可找到一条真正的，也是普通的中式设计之路。

需要补充的是：在路上，不能僵化拘泥于传统的细枝末节，尤其对那些与平等自由相悖的尊卑观念及其物化形式应有清醒认识，必要时还得进行转化改造。

需要明白的是：在路上，没有一成不变的设计，没有一步到位的营造，只有永恒的发展和持续的变化。不“易”便不中式了。

需要强调的是：在路上，不能固执坚守已有的知识体系，开放包容，海纳百川才是一个自信的文化应有的时代特征和博大气度。

遵循既传统又现代，既古老又前卫的文化原则，自由营造一个个优雅的中式环境，只求得其精意，大可忘其形体。即便不使用任何木雕花窗、明清家具、书法字画、琴瑟琵琶，只要整体规划、局部处理、光影关系、材质运用诸类都不离“变化、交融、中和、自然”，便是真正“骨子里的”“精神深处”的中式设计了。恰如穿西装戴礼帽我辈同胞，其实质永远无可改变的还是中国人。

个中美妙纵有千言也恐怕难尽其万一，唯祝愿喜好传统文化的朋友们都能对中式设计有个基本概念，去享受一回得意忘形的真正的中式营造（图1）。

图1　故宫家具意境

第5篇

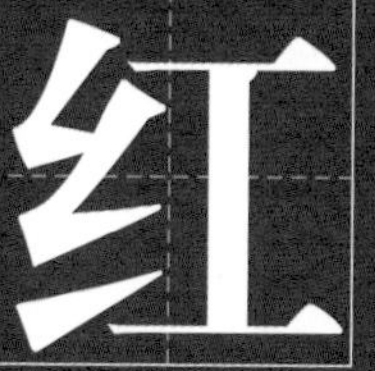

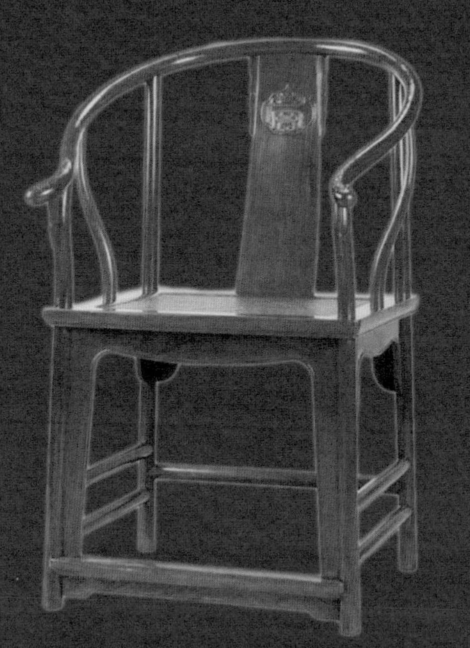

中国家具发展时间沿革与特征

文/大本

中国家具在历史发展的漫长岁月中，出现了多个里程碑式的事件，列举如下：

★ 史前文明时代。中国在5000多年前，多处建筑上就使用了榫卯结构。仰韶文化、河姆渡文化中多有发现榫卯的存在。

★ 汉代。东汉时胡床（马扎）的出现是由席地而坐向垂足而坐转变的最重要标志，它伴随由佛教而来的须弥座榻出现。

★ 隋唐。垂足家具在社会上层开始流行。这个时期的家具宽大、稳重、简洁，并经常配以大漆彩绘花卉图案。出现凳、鼓墩、藤编墩、靠背椅、禅椅等坐具；简单的板足案、曲足案、翘头案等案桌；屏风有素面立屏、围屏；床榻类以箱式床、架屏床、平台床、独立榻为主。花梨木已有使用记录。唐代建筑与家具技术传入东瀛，奠定了日本千年来的建筑家居风格。日本正仓院所藏唐代琵琶使用了紫檀木材。

★ 五代。垂足家具、高型家具在民间普及，并出现成套高型家具组合。南唐画家顾闳中所作的《韩熙载夜宴图》（图1）是研究唐至五代时期家具的重要资料。

图1　韩熙载夜宴图
（作者：南唐顾闳中）

★ 自五代、宋开始，家具的种类增多，室内空间陈设更为丰富。家具被视为同建筑架构一般，出现了大木梁柱式结构。

★ 宋代。家具产生突破性变化，开始进入繁荣时代。明式家具基本式样在宋代基本已经成型。圈式交椅出现；灯挂椅、扶手椅出现刀牙板，椅盘开始使用45度格肩榫攒框装心板；屏风、香几在宋代开始普遍使用；支架类家具飞速发展，如衣架、盆架、镜架等。制作家具在材料使用上精打细算，重视细部处理，讲究榫卯工艺，追求简洁、体现雅韵。宋代及以前的家具实物流传至今的极为少见。

★ 辽、金、元。这个时期的家具风格偏粗犷，北方地域与文化特色突出，喜欢多层雕刻，栏杆式围子床多见。

★ 明代。家具的发展达到高峰。随着园林建筑的大量兴建，家具的陈设成为室内布置和景观设计的重要部分。明代已经制作出从单件到成套的家具，适合厅堂、书斋和寝室使用。家具类型空前丰富，家具工艺也趋于精细化、科学化、规范化，更加体现出艺术性。

★ 明永乐建都时，设宫廷作坊，从全国征调工匠，有专门生产剔红漆器的果园厂。万历时，大量运用漆器和硬木家具，明末还诞生第一个木匠皇帝明熹宗朱由校。黄花梨家具出现在宫廷生活中。

★ 明代运用单色髹涂、各种填嵌技巧或描金等髹漆技法所制的家具，比硬木家具更珍贵。流行在桌案面心镶嵌天然纹石。

★ 清初家具多承明代形制。宫廷成立造办处，作为宫廷家具及其他用器的制作单位。

★ 雍正皇帝对传统木器有较深刻的理解并亲自参与宫廷家具的制作。雍正朝制作的家具被认为在清代家具中成就最高。

★ 乾隆时期，整个中国古典家具的式样开始发生重大的改变，开始流行以厚重、豪华、富丽堂皇为取向的“清式”家具，包括广式家具和由此衍生的京式家具。紫檀也大规模用于宫廷家具制作。家具中多种材料并用，无论是雕、嵌、漆、绘，还是骨、木、竹、玉、瓷、珐琅，都被用于家具装饰，以体现皇家尊贵。

★ 清末时期，紫檀木材枯竭。大红酸枝开始取代紫檀成为宫廷和民间的常用高档家具木材。西方的传教士以自己的科学知识和技术，在清廷赢得了尊重。他们常为宫廷用具提供西方装饰手法，也为设计者带来了欧洲巴洛克式建筑与家具风格，在故宫、圆明园和颐和园等处均有应用。

★ 苏作家具从明朝到清朝发展到顶峰，材质以榉木为主，形成了众多具有地域特色的家具款式。

中国家具的思考——道，器以载道

文/小山娃

中国古代家具的研究从艾克的《花梨家具图考》，到杨耀的《明式家具研究》，再到王世襄的泱泱大作《明式家具研究》。前辈大家从起源、发展、艺术成就、结构、形制做出多种评价，也挖掘出丰富的文化内涵。我们应该感谢他们分享及探索的成果，引领我们与古对话。

王世襄先生从文人的角度品定家具，他以拟人的方式在中国文人的精神世界为明式家具定了鉴赏评判标准，归之为“十六品”。当代的黄花梨大家伍炳亮先生则从一个家具从业者的角度，以形而下的角度归之为型、材、艺、韵四个角度。这是一个目前家具爱好者选购家具的指导方针。从一定意义上，是王世襄先生研究成果的另一个角度的补充。

笔者作为家具从业者，从2006年介入仿古家具的制作。个人认为这既是一个商业行为，更是格物致知、问道古人的一次探索。笔者从师从古法制作中国家具的实践中探索和获取知识，总结分享如下。

笔者在从事古法家具的制作实践和使用实物的体验中，认为中国古代家具不仅是中国古代的一种艺术品，还有一层更为深刻和隐含的深意，中国古代家具也是中国古代哲学的结晶。

要阐述这个主题，首先提出两个问题。

（1）为什么中国家具是木质的？

（2）为什么中国家具是榫卯结构的？

这看似理所因当而且无稽的问题，其中却隐藏了一个巨大的秘密。我们之所以不理解古人的世界，我们之所以称之文化断层，是因为我们忘记了古人是怎么看待世界的。就算记得，我们也只是停留在文字上，再也没真正地从他们的角度上认真地看待和审视过这个世界。

我们要回答这个问题，必须从古人的视角去看世界。这就是阴阳五行。阴阳五行是中国最古老的世界观和宇宙观。以今天西方的哲学体系分类，它是个形而上理念，但是丝毫不影响作为中国人五千年对宇宙认识的一种重要方式。中国的古人认识宇宙是五种元素或具有五种元素属性的物质，以阴阳互动，相生相克，互为表里的方式组成这个世界。

现在可以开始回答第一个问题——为什么中国家具是木质的？

中国古人几千年来，基本是遵循着日出而作、日落而息的生活方式。然而“息于何处”？中国的造字法透露了这个古老的秘密。

人与五行的金、木、水、火、土中的两个有组成另字，一个是“伙”，另一个是“休”。“伙”，暂时和我们没关系，“休”这个字透露了一个古老的秘密。中国古人认为“人”与“木”就是休息。息于何处，理所当然的就与木头有关。

真像我们描述的这样的吗？真的休于木吗？

我们继续查阅汉代许慎的《说文解字》。木部（收录文字较多）共421个字，分三个类别。

第一个分类是：木种。

200多个字是木种。例如我们现在依然在用的：柞，木也；楷，木也；椐，木，杨，木也；檀，木也；也有现在意思已经发生变化的：梗，木也；朱，赤心木也。

第二个分类是：建筑构件。

这个类别达到43个之多，有少数几个是在不同地域对同一构件的不同名称。有我们今天依然熟悉的椽、枢、檐等，也有我们今天已经很陌生的如“桷”，椽方为桷，更多是输入法无法输入的。

第三类别是：使用用具，例如耙、杖等。

其中家具总共有6个，如图1～图6列出（图片是后世的实物，汉代的实物无传世图，仅为方便理解）。

古老的造字法告诉我们与木有关的东西，绝大部分是用于描述木头本身。而和我们生活紧密和息息相关的东西木是什么？建筑和家具。日出而作、日落而息的时

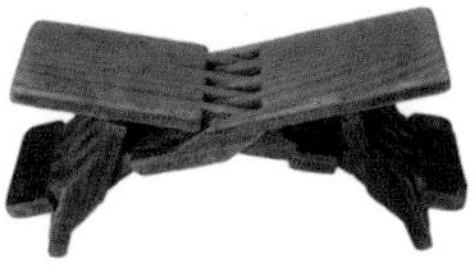

图1　枕

图2　榻

图3　案

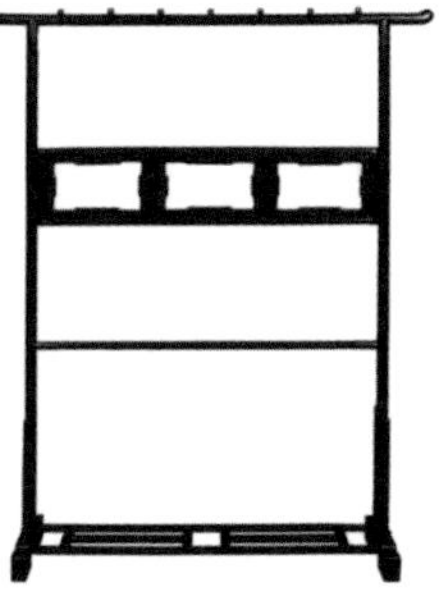

图4　架

图5　桯（床前几）

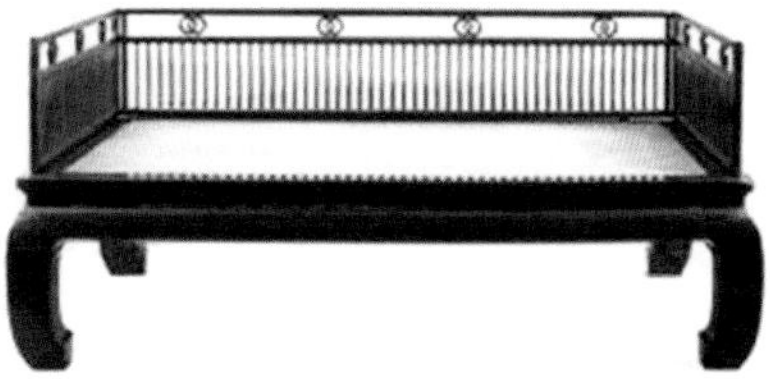

图6　床

代，建筑和家具是主要休息的场所和载体，它们恰恰是木质的。这和“休”字和“阴阳五行”恰恰契合。这不是一个巧合，这恰恰是说明中国古建和家具是中国古人对于世界的认识，也是中国古人哲学理念充分和完整的体现。

现在我们开始回答第二个问题。

为什么我们中国家具的结构是榫卯的？

回归正题。回答这个问题，我们依然要回到古人的视角去看世界。那依然是“阴阳五行”。

中国古代榫卯结构是什么时候开始使用的？结构(構)是个很有意思的字，恰恰是一个古建穿斗式结构的俯视图。这个穿斗式结构接口部件是榫卯的吗？从考古的实证，这个问题的答案是肯定的。“中国古代地上的木结构最早可以追寻到唐代”，这是梁思成大师多年野外考察得出的结论。但是有幸的是，我们的地下深埋了很多的秘密揭示了更多真相。图7是6000年前河姆渡文化遗址发现的木质构件的残余物。

从图上可以很清晰地看到，中国6000年前的木质结构就出现了榫卯，再加上“構”字的小篆体、秦代的穿斗式木建筑、汉代许慎的《说文解字》的40多个建筑构件的名称，我们有充分的理由相信，我们在从木建筑一开始或经过短期的发展就发明了榫卯结构。

图7　河姆渡文化遗址发现的木质构件残件

到此我们只是说明榫卯结构在中国早期文明阶段就已经发展起来，并成为中国古人木质结构整合的主要甚至是唯一的结构形式。我们的先民为什么会使用榫卯结构？谜底还在我们先民的宇宙观上。

中国先人的宇宙观主要的体现来源于《易经》和《道德经》。其中文字有：

《易经》，“太极生两仪，两仪生四象”出自《系辞》上传的第十一章，原文为：“是故，易有大极，是生两仪，两仪生四象，四象生八卦。”

《道德经》，四十二章：“道生一，一生二，二生三，三生万物，万物负阴而抱阳，冲气以为和。”

我们先民认为万物在阴阳互动、互为表里、相互依存中构造了整个世界。那么家具和建筑也不例外，一榫一卯恰恰完美恰当地体现了这一思想。

为了形象地解述这个观点，我们按照先人的世界观来衍生这个世界和中国古代家具。

图8是中国先人用图像直观地显示世界的衍生方式。家具这个微观世界，我们用图9来衍生。

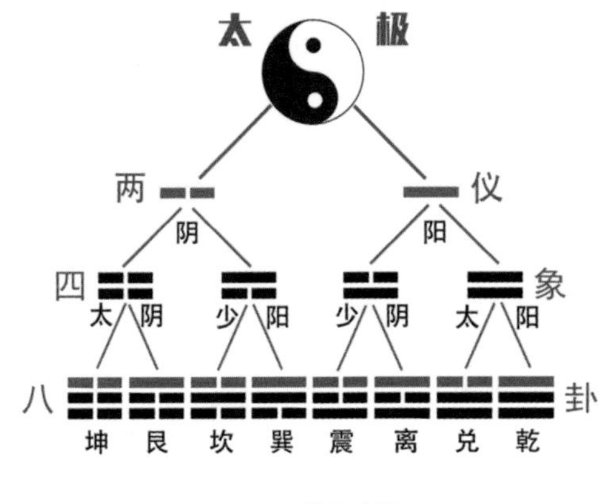

图8　八卦衍生图

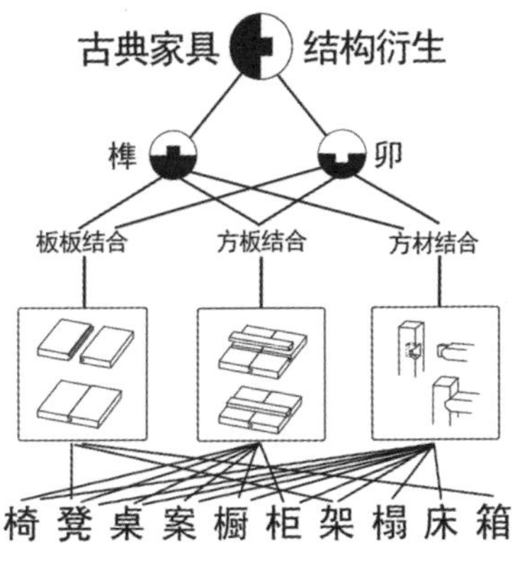

图9　古典家具结构衍生图

图9已经可以清晰而且非常直观地表达出中国古代家具的衍生方式和中国古人认识世界的角度。

到此为止，我们就不难理解为什么在中国古代会发展出榫卯这种结构方式。所以我们认为古家具的精神内核在哲学层面上是中国先人形而上的世界观的体现。所以我们说榫卯是中国家具的灵魂所在。

所以，中国家具不仅包含着艺术，它更是中国古人世界观的体现。这个形而上的认识，儒家称为“天”，道家，称为“道”，释家成为“空”，我更愿意称为“道”。所以，中国家具是真正的“器以载道”。

谈谈我对高仿制作的看法

文/紫檀叶

一、仿古家具高仿制作容易吗？

有人认为现在的高仿家具制作都是站在前人的肩膀上照搬照抄，缺乏新颖，没有创意和创新，因此，不争气，没长进……说的似乎很有道理。

全国有两万多家红木作坊，大部分高仿家具制作确实如此。我们集中讨论顶尖的“高仿制作”，究竟是不是一件很容易的事情。明式家具中的经典作品，是家具中的巅峰之作，已经成为大家的共识。作为仿制者，如能够高仿得极其接近，达到明式家具之神韵，我认为就可以算顶尖作品了。按照这个要求，究竟是容易还是不容易？

不要说家具从设计、出图、打样、修正，到开料、木工、雕刻、修刮……多道程序，各工种人员集体协作，才能做好成型。每一个细节掌握不好，出来的效果千差万别。谁不想做好家具，一举成名？问题是，哪有这么容易做得好？

如果还坚持认为顶尖高仿制作是轻而易举之事，也不要紧，我们每天都在书写汉字，从小到大，再熟悉不过了。但让你去高仿一下怀素、黄庭坚、赵孟頫的书法作品，这不也是站在前人的肩膀上照搬照抄？按照字帖高仿的极其接近，神韵具备，但都知道这并不是一件轻而易举、信手拈来的容易事。

如果真能达到或接近那个水平，也可以称得上是很了不起的艺术品了，就如当年唐代高仿《兰亭序》的书法一样，件件是宝贝。

二、高仿制作就是照搬照抄吗？

大部分高仿即照搬照抄，但是，不全是。以伍氏兴隆的作品为例，很多都做过改良。哪些改了，什么部位改了，怎么改的，估计有的人不清楚，看上去以为都差不多，就自以为是一成不变，都是照搬照抄，那么，只能说是傲慢与偏见的结果。

三、什么是代表这个时代的古典家具作品与风格？何谓创新？

有人唱得调子很高，但实际上自己也搞不清楚，糊里糊涂，所谓新古典元素、现代古典风格算不算？超现代古典元素算不算？这些是否有代表性？是否经得起市场和事件的考验？有多少人会为这些作品买单？

例如，伍炳亮先生的无束腰画案（图1）、休闲椅，顾永琦的摇（躺）椅（图2）等作品，从未有实物原作，是凭借书画中的家具造型参考而创作出来的作品，这算不算创新制作？算不算这个时代的设计制作？

图1　无束腰画案

图2　摇（躺）椅

伍炳亮谈型艺材韵

文/大本　原文/伍炳亮

【编者按】本文为中国家具协会传统家具专业委员会轮值主席、伍氏兴隆明式家具艺术有限公司董事长伍炳亮先生在麒麟网网友岭南行活动中于台山座谈会上的访谈讲话摘选。伍炳亮先生是红木家具型艺材韵评鉴标准的首倡人。

一、关于家具评鉴标准——型艺材韵

关于我对家具的理解，型艺材韵的评鉴和制作标准对企业是非常重要的。我感觉，对明清家具投资收藏也好，设计也好，第一，一定要对中国传统家具艺术文化的内涵了解得非常透彻。第二，要对中国传统家具的发展史充分了解。大家知道，中国传统家具遍布在全国各地，除三大流派广作、苏作、京作外，还有福建的、浙江东阳的、山西的、陕西的、广西的、海南的。从一件家具的造型就能反映某一个地区某一个时期的历史文化特征。

做一件传统家具，有明代家具风格的，有清代家具风格的。什么样的叫明代风格？我们可以观察一些古画，古画之中会反映文人雅士的家居生活。画中家具，可以作为学习和设计明式家具的一个参考依据。除此以外，我们需要在传统家具千千万万款式之中区分它的好与差，有的是经典款式，有的是普通款式，既有宫廷风格家具，又有民间风格家具。一件家具的好与差，首先是看其形状。这个形状包括一件家具的款式。一件家具的定位非常关键，当代家具生产企业，做家具的时候就要定位，定位得好，就可能成为好的家具，其次，设计者需要有审美观和鉴赏力才能设计出一件非常协调优美的家具。一件家具，当我们离五六米看它，有没有被它的造型外观吸引，有没有令你一见钟情，第一感觉非常重要。

近看看工艺。明代家具是没有什么雕刻的，但是要看它的木工，有没有按照科学的榫卯结构、传统地道的工艺进行家具制作，有没有打磨得线条流畅，面部平整等。雕工方面，现在技术上面比以前先进多了，有的是用电脑做，但电脑做的同手工做的完全是两码事。电脑做的，它的刀一路直着打下去，雕得很死板。但是手工做的，因为很多部位有斜刀加工，才能按照一件家具所设计的图案雕得立体、栩栩如生。

最后，材料是很重要的一环。做一件好的作品，用料非常重要，有没有按照家具外观造型设计的要求用足分量的料是非常重要的。比方说海南黄花梨料有新料与老料之分，价格差别大。小料与大料的价格差别也很大，小料海南黄花梨产生很多漂亮的鬼脸，但是较便宜，如果是20~30厘米的板材，就会贵很多。

所以一件好的作品，必须要器型好、工艺好、材料好，在型艺材三方面全部达到高标准，然后在此基础上由工艺产生艺术。

为了做出很有神韵的家具，必须将它经过特殊的加工处理，比如放在室外风化。为什么用这样的工艺？我感觉一件家具如果不经过风化工艺处理，不管红酸枝也好，越南黄花梨也好，紫檀也好，做出来给人感觉艳丽，火气很重。这种艳丽和火气会与我们每个人产生距离，缺少一种味道，这就是工艺与艺术的区别。只有具备神韵的家具，有艺术感染力的家具才能真正体现家具散发的魅力。

我经过35年的摸索，在设计之中，感受到艺术是无止尽的，有人生的追求，才有工作的进步。所以，我投入宝贵成本的那批家具，由我自己设计制作，期间，为了专心设计，我很少出差，因为买的这块料这么名贵，只有做出一件好的作品，做出一批好的家具，才能体现它应有的价值，否则暴殄天物，于心不安。我们对每款家具的款型严谨把关，对每一个设计严谨把关。不单定位定得好，设计好，还有从开料、分料、木工都要做好。

如图1所示床的床面心板，通过它的纹理看到，每个花纹都很统一。同一种料，有两三块花纹很好，有两块花纹不好，如果你在选材过程中没有按照纹理视觉协调美观的顺序去拼板，看起来就很不舒服，中间没花纹，两边有花纹，就会完全不协调。床板是一张床的脸，如果用错材料了，成器了就没办法补救了。所以，从最开始对拼料就要很讲究。一件好的作品能体现出一个设计师的实力。

图1　床面心板纹理统一

二、关于型艺之争

一件作品，形状是最关键的。形状就是一件家具外观造型的款式。这个款式非常重要，“出身”要好。什么叫“出身”好？比如家具是出身宫廷家具风格还是出身民间风格，出身好的家具，比如宫廷家具都由文人雅士甚至王爷亲自制作的，他们有很好的设计师设计了一些非常经典的家具款式。但是民间风格的家具，常常缺乏那种思想理念，更多是按照实用功能设计，有些家具会给人感觉很“土”，这方面即体现我们每个人对家具理解的深度。只有好的家具才能够经受时间的考验，才更有生命力。

家具的品相形状最为重要，同等材料、不同款式的家具，价值上会产生很大差异。比如图2所示苏作的海南黄花梨南官帽椅，因为造型好，价值就高，如果是款式很差，价值就低，所以材料是有价的，艺术是无价的。一件设计粗劣的家具同一件设计优美的家具相比，市场价值差异也很大。

图2　不同款式南官帽椅点评

关于传统家具改良与创新设计需要通过学习研究传统的经典款式，仿制好的老家具，总结经验，才能进行改良创新。

三、关于故宫黄花梨家具材质问题

为什么2007年越南黄花梨价格涨得这么快？原因是大家缺乏对越南黄花梨的认识，因为2000年初的时候，很多媒体误导，说越南黄花梨就是草花梨、香枝木、白酸枝……这些不正确的言论误导了很多消费者，但是我为什么又清醒地坚持买黄花梨木材呢，因为我是从事木器收藏和收购老家具的，特别是在过去年代做的黄花梨、紫檀家具。因为我每天都是面对老家具，面对海南与越南黄花梨木料，清楚地知道我收的每批料的产地是什么地方，所以我说，明代的时候老家具除了海南岛那些土作家具是用海南黄花梨做的，在大陆出现的明代黄花家具都是越南黄花梨做的。我在2006年去参观在故宫博物院永寿宫举办的比利时侣明室家具收藏展时，研究了那批家具材质、款型、纹理和质感等，发表了自己的看法。我说，这批家具80%是越南黄花梨做的。后来有人误解我，说我说所有故宫的黄花梨家具都是越南黄花梨做的，我立即给予纠正。故宫博物院收藏的那些黄花梨家具我没有看过，没有发言权，但是我看过在2006年故宫永寿宫展览的侣明室家具，还有我自己投资收藏的明代家具，其中80%都是越南黄花梨的材料做的，这是千真万确的。

2007年的时候，我与故宫某专家探讨明清家具的黄花梨材料来源的时候，我就提到我的看法和观点。我说永寿宫展览的那些黄花梨家具，从纹理、质感看都是越南黄花梨做的。在询问了我对明清家具材料这方面的分析后，他说，故宫永寿宫展览的家具确实80%是越南黄花梨的。

对故宫馆藏的黄花梨家具，很多专家都说肯定是用海南黄花梨制作。我由于看过故宫黄花梨家具实物不多，所以不敢轻易断言。不过如果仅基于故宫一些公开图录，观察家具的色泽棕眼纹理来看，本人窃以为其中很多黄花梨家具是取材越南黄花梨。由于目前没有足够的文献对明清时代的皇宫黄花梨用材来路有过确切的记载，所有人都是以现在的市场上的黄花梨材料特征来判断古代家具的用材来源，这本身就不科学。所以，在没有发现准确的宫廷黄花梨木材来源文献之前，故宫的黄花梨家具用材来源也许永远是一个谜。

杨波谈红木家具收藏

文/大本 原文/杨波

【编者按】本文为中国家具协会传统家具专业委员会轮值主席、北京元亨利硬木家具有限公司董事长杨波于2015年在麒麟网上海麒麟会年会上面向麒麟网网友的讲话。

关于红木家具的一些材料的问题。其实不管什么材料，在选购的过程中我们一直以来都不认为选择材料比其他重要，我们要根据自身的财力、喜欢的制式来决定我们需要的材料。

从收藏上来讲，大家都知道，黄花梨应该是这十几年来升值最大的，材料价格这十几年来上涨了500倍左右。那么在选购过程中，根据我们自己的喜爱，也要挑一些将来升值空间比较大的，便于我们将来的收藏，回报率也高一些。

在材料问题上，可以说从去年开始，我们看到的紫檀是在过去十几二十年来没有碰到过的好材质。大家都知道，过去都说十檀九空。从去年开始，大陆进来的紫檀材料，基本上约80%的材料是实心的。我们在过去制作紫檀产品的过程中，这种材料本身适于雕琢，在雕琢过程中拼补现象比较严重。过去在制作紫檀家具时，80%以上都有很多的拼补。十几年来，大家对这紫檀的材料也失去了信心，因为经过重雕以后再拼补的情况一般是不容易发现的。我从去年开始推出了一些明式风格紫檀家具。在制作过程中，素的明式家具产品有没有拼补是一目了然的，这也是我们下一步要把紫檀家具往明式风格上走的前提。大家应重新对紫檀产品调整认识，因为过去很多家具通过几年使用，包括一年四季的伸缩，很多的优缺点都会暴露出来。这样一来，很多消费者对紫檀便会失去信心。

我想今后通过我们呼吁，企业和消费者互相沟通的过程中能够一目了然地看到紫檀家具的做工，这样的紫檀产品将会重新得到消费者认可。

说到工艺，内部结构是很关键的。粽角榫也好，插肩榫也好，在家具制作完以后是不能从表面上看出来的。大家经常去工厂参观。参观的过程其实是对实际工艺进行了解的一个很好的机会，因为在生产线上制作的产品，不是给一个人做的，如果到企业看的生产过程中，产品的各种榫卯结构、组装工艺等都是严格地按照合理的工艺去做，那么我想，大家可能在购买前也可以放心了。就白皮问题，我们在流水线上看到的各种拼板、各种腿料在组装之前都能看得出来的；如果白皮很多，那么再通过修饰、上漆，可能在选购的过程中就很难发现。所以大家有这种参观活动也是非常好的，最起码现在的企业那么多，市场上也是什么样的质量什么样的产品都有。我们不难发现，你看得多了以后，对一个产品的优缺点就会一目了然。

我们在挑产品的时候，一方面要考虑到它的实用价值，另一方面，它的收藏价值也很关键。在去年定位做白酸枝的时候，我自己对白酸枝的产品基本上是要求按照黄花梨的工艺制作。因为白酸枝产品比较挑师傅，包括榫卯结构、后期打磨制作等等，要把黄花梨的韵味做出来，才能让消费者越看越喜欢。今年我们白酸枝的产品可以说是供不应求，市场非常好。黄花梨为什么比紫檀贵那么多，8～10倍，不是说这个产品、这个材料比紫檀好很多，而是物以稀为贵。那么紫檀呢，印度迈索尔邦供应材料太多，这也是黄花梨上涨速度比紫檀快的主要原因。艺术品市场也好，包括家具，都要考虑到它的资源。对于白酸枝，我说首先它的传承好。我们从明代的很多老家具里都能看到白酸枝的影子。后期到了清中期以后以及到后来修配的老家具，有很多都是用白酸枝来代替的，因为黄花梨做旧的油性很难顺色，这也是修复一些老家具强调的，首选用白酸枝的产品来代替，即为传承。

那么资源呢？通过实地考察，我们发现缅甸的白酸枝存量不足，大红酸枝也只是老挝红酸枝的1/50，所以它的资源很稀缺。再有一点，用它来制作家具最关键的一点就是稳定性好。综合这几个原因，我们就从去年开始让大家把白酸枝推出来。由于白酸枝出材率比其他材料低，有很多企业不愿意使用它。如果做的数量少的话，出产品色泽均匀性不好。因此肯定要做量，做量以后配色、花纹会非常漂亮。这也是说将来产品工艺、配板水平到了这个程度，它以后的收藏价值就会高。

我们曾经在2010年有一场拍卖。一个是明代的高束腰小翘头案，长1.1米多，很窄；另一个是2.5米的大独板案。小翘头带霸王枨小案落槌价是1150万，大独板约580万。这个拍卖给我们一个什么启示呢？其一就是在我们选择器物的过程中，考察它将来传承的价值跟工艺非常关键。小翘头案把明代家具所有优点集为一身。但小翘头的制作工艺是我们有些家具企业很多人不明白的。高束腰的一条大几，霸王枨，是我们平时看不到的，起拍价不是很高，但全国的收藏家爱好者竞争非常激烈，最后拍到了1000多万。拿这个例子，重新评价，结论是在选购红木家具的过程中，工艺好的，将来传承价值肯定要高。

关于选购红木家具的一些注意事项，除了选择工艺价值这些因素以外，还应该要求企业提供产品明示卡、资格证、使用说明书，这是我们新国标里面强制施行的东西。这样一来，我们可以在消费的过程中得到一个双重的保障。现在据说全国有四万多家制作红木家具的大小企业，包括作坊，制作工艺参差不齐，偷工减料现象十分严重，尤其是紫檀、黄花梨这几种名贵的。有的紫檀家具掺杂使用泰国的老酸枝，它的牛毛纹跟紫檀非常像，上漆之后消费者可能很难发现。黄花梨就不用说了，有很多越南北部的料，油性不错，被拿来冒充海南黄花梨。这都是我们在选购的过程中大家应该注意的。企业这么多，我们尽量选择一些品牌好的，可信度高一些。

大家在市场调查过程中也能够发现，目前的市场受大环境的影响是不太好的。

我们在这种不太好的大环境下，从去年开始有目的地推出白酸枝产品来满足社会消费者的需求。因为看得出来，黄花梨紫檀这种重器的产品销售量非常少，成交数量可想而知。今年我们的定向基本是中端，现在红木的需求虽然说高端少了，但总量还是大大提高了。去年我就说过，白酸枝在未来三年的升值空间应该是300%。我们通过第一年的发展也验证了，去年三月份到现在价格应该是涨了80%以上，我觉得跟它的资源有关系。企业制作家具是受资源影响的，那么希望大家在以后选购红木家具的过程中，尽管是以满足自己的需求为主要的，比如有的人喜欢清式风格的东西，有的喜欢简洁的明式风格的产品，但是还是要看一些将来回报率高的一些材料，我认为这给大家将来的投资回报是不一样的，以上希望可以做一个参考。

家具的价值：型>韵>材>艺

文/1414

家具的价值，型>韵>材>艺，或许很多人会第一时间反对，认为最后一项的艺，绝对不是短时间内可以达成的，应当是非常重要的。诚然，技艺确实需要千锤百炼，但是我们这里讲的是价值。价值可能跟金钱有关，也可能跟艺术地位有关，但是无论哪个，前三项都是比艺这一项，对商品的整体价值提升更高。

老百姓确实通常更为关心实用和技艺，但是对于一件有一定艺术价值的红木家具来说，一定要了解这些“貌似心灵感官类”更为高深玄妙的东西。这些东西未必全是浮华和泡沫，而更应该是一种修养的提升、境界的提升。

用马斯洛需求层次的理论来讲，人类是先有基本需求，比如生理需求、安全需求，再有高级需求，比如爱和归属感、尊重、自我实现（图1）。所以说，对于一个爱好者来说，也确实是先从艺开始接触和了解家具的，慢慢地境界提升了，欣赏能力提升了，然后才逐渐地开始懂得欣赏型和韵等。当然也有一些人有一定的天赋，比如求学时学的是艺术，父母是家具制作者等等原因，那么他可能会直接从后面开始追求，然后逐渐地巩固前面的需求。

我们这里拓展讲，请问你看一件家具，是先遥远地看一下感觉呢？还是先细看？这个估计不同人有不同的习惯，但是有一点是一定的，遥远地看，非常消耗精力，很多人只能打一眼，一眼看感觉到了，就慢慢细看。你让他再遥远地看一下，他可能会发不出力。其实远看是需要锻炼的，远看有时候更容易看破家具的本质，因为家具的各种用材和做工都会直观地体现在总体的造型感觉上。有经验的人，有时即便一下子说不出原因，但是能感觉到不对劲的地方。真正懂得看的人，既能远看，又能近看，镜头随便拉远拉近。远看型和韵，近看材和艺，基本上是这个道理。在不断地远看和近看的过程中，家具的味道就品出来了，是不是舒服自己心中感受得到，好家具总是让人心旷神怡的（图2）。

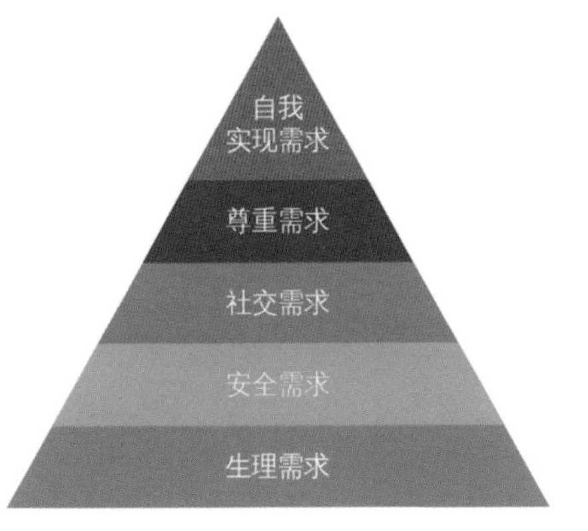

图1　马斯洛需求理论示意图

一、型

所谓的型，绝非区区尺寸合格、样子类似这么简单，这些不过是艺的范畴。即便你把艺做到极致，把尺寸数据和被模仿者做得几乎一样，然而懂的人却可以一眼识破。因为单纯的模仿不过是尺寸的契合而已，就像是一堆木头按图纸拼接在一起。而型的养成，却是一个人常态的做人准则、行为操守，其中包含的道理，如同西施和东施。

金性刚强，木性柔顺。木被金锻木坚韧，金由木化金发光。

世人常模仿，然而不得真谛则大多是金木相混，你我不分，终究不过是东拼西凑，表面功夫而已。

型如果放在衣服制作方面，称之为版型。版型好不好，对于一个大品牌的衣服特别重要，如果一个所谓的大品牌在版型方面很普通，那么可以说，该企业不思进取，迟早要被淘汰。

一般来说，企业越大知名度越高，则做出的家具版型就比较大气，而企业小（这里的小不是人数的小，而是眼界的小），做出的家具就比较小气、吝啬、拘束，当然，这里先排除那些有一定潜力还在成长阶段的黑马。同时，企业的研发团体越正规，越是全面，则做出的家具在尺寸的人性化方面也就越合理，造型方面也越雅致。企业家本身的心胸越开阔，对人生的领悟越好，那么做出的家具就越稳定，款式也越和谐。企业家如果有一定的多地工作经历，那么制作的家具感受上就更为海纳百川，也更容易被不同性格不同种族的买家所接受。如果企业家熟读历史，参悟佛道，那么其家具上特别是雕刻内容方面就会直观地体现出很多有趣有意义的造型或图案，更带有一定的历史感。

所以说，以上的东西，一个没远见，只知埋头苦干，从来不去感受世界，也不增加自己阅历的普通工匠怕是难以具备。一个人的阅历、品性和做事习惯，都会直接影响到其制作的产品。这种东西其实并不虚拟，而是实打实的有价值，是个人身份地位、人生阅历、人生感悟的重要体现，其中蕴含的价值何止百千。没有这些基础，模仿他人产品则会怎么模仿都模仿不像。

图2　古典家具的型艺材韵

二、韵

韵在一定程度上，跟道德关系最密切，跟阅历关系次之，跟出身关系再次之。

想要持久地保持作品有韵味，而且经久不衰，越来越丰富，那就要靠做人的坚持，学习的持之以恒，人生阅历的不断增加，视野范围的不断扩大。

韵味越足，则家具总体的感受度就高，容易被人记住，就容易让人感受到人气、善气，正面的存在感也越是充足。这是一件好家具可以传世的基本要素。商业气息过重的家具很难传世。

我们再直接点来说韵在产品上的直观感受。首先，有韵的家具在造型处理方面通常圆润，很少会用直线直角。其次，有韵的家具在图案选择方面通常有一定的意义，不会照本宣科地搞一些大众的花式，相对来说会有一定的新意和正面性。最后，有韵的家具会让你喜悦，会让你会心微笑。

另外由于韵直接和道德关联，所以韵味越足的家具其价格泡沫也相应会低，性价比也会走高。

三、材

如果说，前面的型和韵方面，让你感觉到有点虚，那么从材开始，就更容易看得见，摸得着了，甚至可以直接量化了。

先说明一下，这里的“材”并不单指材料，而是指选材。

同一种木料，源自不同的生长地，在不同的位置会产生不同的花纹，因取材位置不同会有心料、二膘、外皮。如何将不同纹理色泽的木材恰如其分地做成家具，自然是要看制作者的审美。真正能够冷静睿智的匠人才能够选到符合正常审美观的料质。挑料绝对是一个精细活，花费时间也比较考验制作者的脑子，在不过度浪费料的情况下规划出合适的用材，这也是精品家具工艺的重要体现。如果一件家具在选料就没有做到精细，那么也就称不上精品。普通家具很多只是粗略选料，仅限于有没有白皮缺陷，远达不到消耗工时精力的地步。应原材料稀缺，选材的难度有时大于工艺。现实中，市面上的家具工艺做得尚可的多，而选材精细的少。

所以说，选材直接和一个人的审美观和做事规划能力有关系。

四、艺

艺就是工艺手艺，手艺当然是长久锻炼，不断操作才能熟练，也是家具制作行业最基本的要求。手艺确实并非稀缺特性，可以说只要肯认真干的人，长久均可以锻炼出一手好技艺。家具制作工匠大多性格倔强，那就是因为这些工匠太专注于艺，而并没有培养之前三类，从而逐渐培养出过于较真的心态，对于小事斤斤计较，大事则马马虎虎、随波逐流。故而想要成为一个伟大的家具艺术大师，恐怕最需要克服的就是这种较真的特性，使之慢慢转化成平静、安稳。

至于具体的艺是什么，其实大可不用细说，尺寸的把握，刀法的娴熟等，这个在实际操作中都会遇到。保持以前的传统，更容易制作出型韵兼具的家具，而不是工业味道十足的普通家具。

五、总结

追究一件家具是否能登上大雅之堂，当然型和韵至少是要有的，而这两个基本只能靠手工制作才能充分发挥，若用商业化的机械加工或者流水线手工都很难表现。

如果一件家具只能做到艺，那么只不过刚踏上门槛。能做到材，那么已经进入艺术的大门。只有完全兼具四者，才是真正值得欣赏的美器。

注：“型材艺韵”常常被作为古典家具的评鉴标准。不过对其解读各人各异。本文仅提供作者个人的观点，也许未必正确，仅供读者旁征借鉴、拓展思路。

毋做淫巧　以荡上心

——《留馀斋藏明清家具》读后感

文/东山客（赵磊）

《留馀斋藏明清家具》是我时常翻阅之书。书籍装帧值得称赞，封面有布，质感极好；纸张素雅，老家具“时光”的味道尽现；纸张厚度适中，手感甚佳；版式留白较多，视觉效果好（图1）。

图1　《留余斋藏明清家具》封面

《留馀斋藏明清家具》作者黄定中将自己定位为“热爱木器的‘知道分子’”。书籍整体叙述亦以收藏的角度展开。和目前众多的“明清家具书籍”相比，少了“专家学者味”，亦不见众多绕来绕去的专业术语，能见到的是一个“木器知道分子”对明清家具的感悟和感触。这样的视角对于我这样的同样热爱木器，且还谈不上是“知道分子”的玩家而言，距离感消失了，和作者的亲近感油然而生。此书由两部分组成，前一部分是黄定中收藏明清家具以来的感触，以文字叙述为主，包括“明清家具收藏浅见”“关于明式”“关于清式与紫檀”“关于黄花梨”“关于皮壳”“关于收藏”等章节；后一部分是黄定中的收藏，以图片为主，包括黄花梨藏品、紫檀藏品和其他硬木藏品等。

就第一部分少少的几十页文字而言，收获颇多。细想很多观点不仅值得玩家、藏家学习，也值得制器者参照。

书在序言部分即提出一个观点：老家具的皮壳记录着历史岁月、生活细节的点滴，本身即赋予古典家具新的意义和价值。除去皮壳，就抹杀了其作为文物艺术品之精神与意义，因此老家具的皮壳定要保留。这个观点在整本书中多次出现，亦给我深刻的印象。

目前家具收藏有两种倾向：一种是追求将古典家具还原到当年使用中的状态——该修则修，该打磨上光则重新整修；一种就是黄定中这般，“大凡保持原始状态，有些甚至连修补都不曾”，“包浆”“皮壳”当然不会被清除，反而更需仔细地保护。序者称，轻率的打磨翻新或许会对未来的研究人士造成一定影响甚至是误解。

几年前刚刚开始卖明式家具的时候，亦有“前辈”教导，新的东西想要买好，就一定要见见老东西。于是在很长一段时间内，我想尽办法到处去看老家具。在2010年秋天，还专程跑到旧金山亚洲艺术博物馆，只是为了看其中藏有的几件黄花梨家具，可惜的是我看过的这些家具的皮壳亦都是处理过的——能看到的是黄花梨的漂亮的纹理，感受不到的是岁月的痕迹。

而在黄定中的书中，你看到的家具却是另外一种状况，几乎所有的家具都保留了原有的皮壳，所以很长时间我都很难习惯书里面那些颜色发黑，没有鬼脸的家具是黄花梨。但仔细品味，你确实能感知到一件家具汲取了几百年大自然的灵气后，所呈现出的那种岁月、历史、阅历的痕迹。

其实就皮壳这一话题我请教过伍炳亮先生。伍先生对此并未直接回答，而是直接带我到了典藏馆，看其近几年拍回来的清代的圈椅。在一对颜色绚丽的黄花梨中间，这一张清代的圈椅静静地在那里，颜色略灰，纹理素淡，火气全无。就这样看着，已使我有坐在深山中的清净。

对于明式家具，一个普遍的观点是采用极简原则。在一些西方学者的论述中，此类观点极其常见。对此我一直觉得略有不妥，但并没有思考到症结所在。在黄先生的著作中，一句明式家具“空故纳万境”，成功的明式家具于形式上并不追求极简，只是精于取舍，让我忽然开朗——原来核心原因在此。

具体来讲，明式家具形简意足，孤高绝俗，体现的是文人精神，而不是极简之道，其追求的并不是设计上的最简，而是形而上的精神内涵——形而上谓之道，形而下谓之器，文人精神乃明式家具之道也（图2）。

图2　明风遗韵

另有一点，触动很深。黄定中先生长久以来一直只收藏老家具，他认为人生有限，岁月有期，“术业有专攻”，这和我认识的一些藏家，除了家具还喜欢收瓷器、铁壶、紫砂壶、沉香等形成鲜明的对比。反过来看我自己，几年前开始喜欢上家具，随后因家具接触到石头、紫砂壶、瓷器、铁壶等，并投入大量的精力参与其中，直到去年才幡然醒悟，再次将主要的精力转到家具上来。若是几年前能看到黄定中先生的此番表述，就不会走那么多的冤枉路。

对于制器者，本书所倡导的观点值得深思。

一是，如标题所写，要“毋做淫巧，以荡上心”。当下明式家具制作者甚多，就我短短的几年观察来说，真正能悟到明式家具精髓的确实不多，而未能触及明式家具精髓，长做“淫巧”的却大有人在。

接触古典家具，我由一建筑师朋友带入门。他的经历更为特别，他喜欢上古典家具后，因买不到合适的家具，而开始自己设计，找家具厂代工。当时他传达给我一个清晰的概念是：明式家具已经不符合现代人的生活习惯，所以要改良设计。

他是清华大学的建筑学硕士，在建筑设计行业成绩卓然，爱好中国传统文化，喜收寿山石、烟斗，写得一手好“魏碑”，国画亦不错，拜名师学刻章且进步神速，在我眼中，其是世外高人，悟性极好。

吾友仰仗自己之设计功底和对中国传统文化的了解开始所谓的改良设计，比如在画案上加抽屉，在书桌上加键盘。他的出发点是好的，是要符合现代人的生活习惯，但最终的效果并不佳。两年之后他感慨，经过几百年演变的明式家具，改良想做好，实在是难之又难。

但在很多商家眼里，改良似乎不是大事，反面例子亦不在少数。总之，倘若真用心，应先汲取明清家具的精华，后融入现代美学概念，这才是正途。

二是，黄定中强调只有上手，才能上心，否则书本上的知识往往是春风过耳，难以留痕。对此我想引申的一点是：对于制器者，老家具的上手一样重要。

上次见伍炳亮先生，他一再和我强调家具的定位，因伍先生并未做过多阐述，我一直未能真正领悟这个定位到底指的是什么。读完此书，我明确地感受到伍先生的定位所指应该是家具的“品味”——即坚持做在审美上经得起时间考验的家具。这样定位的经验从哪里来？毫无疑问，从老家具中来。伍先生做老家具生意几十年，过手家具无数，哪种形制的家具最受欢迎，一些老家具的细节到底是如何处理的，伍先生定有大量经验。其设计监制的家具为何如此受欢迎，核心或许在此。

下面是书中的部分图片，是我很喜欢的形制，贡献给各位（图3、图4）。

图3　方材南官帽椅

图4　靠背椅

注：本文图片均来源黄定中《留余斋藏明清家具》。

思索红木行业的那些事

文/仁品堂

不知从何时起，红木突然间就成了大家茶余饭后的话题。红木，这个词是国家红木标准制定后的规范词语，包括5属8类29个树种。而在此之前，狭义的“红木”只是指红酸枝木材，广义的“红木”则是指一些“硬木”。其实有些国产木材的硬度也不差，但是不会归到硬木里，而是用硬杂木来区分。那么，为什么硬杂木比硬木还硬，却不能如硬木般价值高呢？我想，有两个方面的原因：

（1）这些“硬木”均来自国外，长途跋涉的运输费用很高，所以成本造价也高昂。

（2）这些生长在亚热带国家的木材，其心材表皮打磨后都很润滑，说明它的内部纤维质密实，适合制作一些不易变形经久耐用的家具。国产的硬杂木虽然硬度很高，但是木质表皮呈现绞丝状或者网状，纤维质的扭曲也说明木材的木性不稳定。

国外木材运输成本的高昂加上很适合制器的木性，造就了“红木”家具自古以来高贵的社会地位。

1949年以前，这些硬木家具就已经属于奢侈品。那时期，草花梨家具也不是寻常百姓能用得起的，都是大户人家使用的家具。硬木家具代表着当时拥有者的社会地位。那时，硬木家具用户要自己购买原料，以需定供，也就造成了原材料价格上的平稳。为了做好家具，对于木材的干燥，就会从购入起至投入制器持续进行。所以，遗留下来的老家具，抽涨缝隙都很小。做手艺的人会被邀请到家中打做家具，好酒好菜招待。这样就形成了手艺人较好的社会地位。好的手艺人还会身价倍增。因为原料昂贵，手艺人往往惜木如金。所以，古物只讲究结构工艺和木材使用得恰到好处，常常见到家具的不可视面有木材的天然瑕疵，非重要构件还会采用其他廉价木材制作。

古时，“士”是社会上地位最高，学识最广，财富最多的群体。“士”在每一种人文需求上都会要求精益求精的品质。民间家庭也都想自己的后代有一技之长，由此给家族带来荣誉。

前些时，我被邀请参观了“嘉木堂”七间房的展览。那里有些老物件一眼就能看到明面木补，但是这种木补和我们今天理解的木补不同。我们今天的木补是为了糊弄而糊弄，老物件木补是采用正规工艺在不损害结构牢固度情况下进行。这次“嘉木堂”展出的紫檀家具没有一件是我们今天认可的紫檀，拼拼补补也很严重。展出的紫檀笔筒和我们今天的小叶紫檀是一种料质。也许，老辈人觉得小叶紫檀的原料很难取料，只能做些笔筒等小器物而已。我站在这些古物面前，会从艺的角度去和他们对话，这些物件平时放在书本上看的话，感受不到他们用料的阔绰，手艺的精湛，很多黄花梨家什都不是为了空灵而空灵，更多的反而是为了结构而线条。想想当时的年代，苏作的家具用料如此厚重才能延续至今，也是其中的道理。其实，任何地域性的家具也不见得都是好东西。手艺好的、选料精的毕竟是小众的，还要被后人认可。“嘉木棠”二十一件藏品，有精品级别的，也有普品，尤其是那件炕上使用的一块玉的云纹翘头案。

如今，所有的事都要以经济目的为考量。很多原本的价值观都要被推翻，运输的便捷和利益的驱使加速了木材的匮乏和枯竭。很多人跟着这股大潮，也获得了利益。那么，以后呢？下一个站台的风景会怎样呢？

我在2000年初游走老挝的时候，那里连公交车还没有。随着受中国经济发展的影响，老挝这些年发展很快。柏油路面铺设了很多。老挝、越南、柬埔寨、缅甸这些国家就像我国早期一样，用资源换外汇。这是个过程，并不会永久。东南亚这些国家对木材的无序开发，已经到了最后无以为继的地步，政府已经开始介入木材资源的保护。

木材关系到环境保护，砍伐一根木材看似没有什么，只有亲身经历这种砍伐的人才会看到，每一颗大树都是独立的生态世界，人类为了取其一，就会舍弃众多的生灵。天上飞的，地上跑的，都会因为大树的倾倒而分崩离析。在很多国家文化里，超级大树都是山神或者树神，他们能生长要经过千年的岁月，年纪本身就已经很了不起了。他们的生命被终结，这份代价太沉痛了。我知道一棵树要生长几百年才能成材，就是路边一棵梧桐树或者杨树直径生长到15厘米时再增加1厘米都不会是一年的事。树生长到一定的直径就会进入到慢生长期，可能几年也不会感受到它长粗长大，不会像树苗一天一个样、一年一个样了。所以，经历得越多，越要坚持不轻易糟蹋它们。

每一轮木材价格的涨势对于木种本身就是一次灾难，对于做手艺的工厂，也不是什么好事，而针对以盈利为目的的经销商来说，却是个机会。对于从长计议的家具厂而言，木材价格高买，制作的东西更不会低卖。工厂站在第一线，最了解它未来的稀缺性。而想要赢利的商人则不同，他知道他的商品交易了就会换来利益，交易的时间拖得越长，风险也就越高。他最想的就是尽快抛掉买入的商品，转到另一个赚钱的机遇里。我们知道在东南亚国家，很多当地木材商被国内大品牌垄断，在为这些知名家具品牌开料过程中，为了压缩成本，无奈或刻意往里面掺假料。同时，大家都去抢木材来维持生计，也会付出高风险的代价，比如市场不买单、掺假料、木材表面作假等。这个时候就要考验各人的经验学识了。你具备辨别能力，你就损失小些；你不具备这些能力，你就会损失惨重。在这样的大环境中，没有人会丝毫不损失。可如果不参与去抢呢？同行倒是希望你不买，而速成家具商家就会在你不买时，抢得先机，进而造成你无料可买的窘境。所以，横竖你都要上，无论多困难。

这个时期，很多人会抱怨以前怎样的便宜，自己没有舍得下手，怎样的懊恼，自己丢失了机会，我倒觉得没有这个必要，就认为他并不是你生活所能承受的，自己就不要勉为其难就好。黄花梨四元钱一斤的时候，参考当时的物价和工资水平，你会觉得它贵。其实你买不买它，它都存在，你也存在，你都在活着，而它的灭亡，也该是它的宿命。而作为从业者，我们不得不去买单，我们要维持营生，所以我们最大的积蓄就是原料的可持续利用，尽量延续未来的产业链。

很多人因为买到不对的料或者被骗了钱而叫苦。上等的木料永远都不会跌，永远都不愁卖，那些料在原料充足的时候，也是小众的原料，也是脱离市场价格的。每一轮涨势都意味着一种木材的末路，每一轮涨势都意味着新一种木材登上这个舞台，也预知这个新木材角色未来的落幕。今天，你可以看不上这个新星，未来你可能会攀附不上这个新星，这就是现实。记得数年前，我们做黄花梨的时候，根本不会正眼看一下红酸枝。如今，你就是把越南老挝转遍，想找个60厘米宽的红酸枝大板，也不是件容易的事。

估计相当多的人都会高看红木这个行业。其实作为这个行业的一分子，我最了解它的社会地位。做红木产业再牛，也没有成为上市公司的，也不会成为一方首富。往往是那些做民用品的企业会富甲一方。红木产业要手艺的更多是为了填饱肚子。就是被冠以红木家具大师的人物在中国富人圈子里也不算是有钱人。持续性产业和资源性产业相比，一个是永远不停地进步、扩张，一个是因无米下炊被逼向下一个选择。回过头来数数红木产业发达级别的人物，哪一个是做手艺发的家？我未见过，我只知道他们的原始积累都是因为木材的升值而获得。

当今红木这个行业其实是个门槛不高的行业，为什么会这么说呢？因为这个行业的大佬级人物，读过大学的很少，大多都是为了一口饭或是被外在的表象忽悠了，才进入到这个圈子。作为社会底层的出身，目光会相对短浅，不会有长远的思路，所以很容易加速资源的匮乏。在这个行业里，同样的家具可以价格不同，甚至相差数倍，价格跟品质相关，适合你的价格就是适合你的品质。所以，不要抱怨那些作坊做的东西不好或者抱怨做得好的卖给你很贵，个人对生活的态度决定了个人的生活品质，也会体现个人的存在价值。做手艺的人，只知道手艺该怎样做，不该怎样做，也知道料该怎样使用，不该怎样使用，你出到什么价格就会给你什么标准。不要以为性价比高，就沾沾自喜，任何事都会有自己的理由，只是你不知道而已。

所以，要多和匠人接触交流，多去工厂实地考察。见得多了，自然学识就多，会对自身受益。家父曾经很多次和我们这代人讲：在古董行，在手艺行，你跟对了人比什么都重要。古人等一件家具可能需要数年的时间。身处这个信息泛滥的时代，一两年得到一件认真的物件，将会是终身受益的爱好。红木家具产业里，一个纯粹的手艺工厂会有自己成熟技术的作品，他会对这件成熟产品的任何一个工艺和价格计算准确。纯手艺的工厂不会做那些勉为其难的订单，因为它担心伤不起的饭碗。这样的工厂会按照能体现自身优势的生产计划去生产，而不会受市场导向。大多数情况下，这样的工厂一年的产量都不会多。产量低，自然就不愁卖。

另外，人是最难管理的。工匠的培养不是一朝一夕的事情。这个行业，有了手艺就是自己的财富。工人只有在人格秉性都好的前提下才会被着重培养。人性需要时间的检验，谁也不想“教会老虎气死猫”吧。所以，有很多工匠只会做一种单一款式的家具，就是因为师傅觉得他有问题，不愿意再继续教下去。这也是个高危产业，因为现代切割设备的大量使用，很多手艺人都会在工作中受到肢体伤害。就这个行业而言，手艺人黄金年龄在35～50岁之间。因为到35岁，人的性情都稳定了，技术和体力都是最好的年龄，家庭也有了着落，做事也不会像年轻人那样冲动了。而过了50岁，视力和体力会越来越差，做东西的精准度也就跟不上了。你能消费的最好手艺，就是他这15年光景做的东西。

现在的世道，手艺人很多都服务于商人，为什么要这样说呢？有两个原因。一是真正手艺人的时间都花在手艺上，忙不完的活使得他们没有足够的时间泡在网上。二是商人给的标准往往是以个人利益为前提，性价比就是他们最好的标准。现在是个外行领导内行的时代。家具厂的管理层中相当多的人都不懂手艺，雇来的师傅也是参差不齐，只要外表说得过去，谁又会扒开外表看本质呢？

对于家具使用而言，坐在屁股下面，50元的板凳和5万元的板凳，功能一样，不一样的就是它们在当今和历史中留下的符号不同。

未来随着市场越来越规范化，这些人文产物，也必将会逐步体现它自身的应有价值。

挑选仿古家具要学会“三看”

文/天姥粤人

故宫专家胡德生老师经常说，看一件家具是不是精品，要从三个不同距离反复观察。我从消费者的角度归纳了下“三看”的内容。

1.远看

远看距离一般为4～5米，这个距离用于观察家具器型。

器型要注意三个方面：结构、比例及风格。结构需符合力学原理，且具有较强的功能性。比例需匀称，构件分布要疏密有度。家具各部分元素的表达方式与整器风格需一致。

2.中看

中看距离一般为1～2米，以既能看清木纹、木色、雕刻，又能照顾到家具整体为宜。此距离用于观察家具配料及装饰的协调性。

中看时要从局部到整体，从整体到局部多次比对，重点观察局部与整体的协调性。

协调性也要注意三个方面：色差、木纹及装饰题材。适度色差能为家具增色，使家具更有韵味；木纹并非越炫丽越好，花素结合才富有想象力；雕刻等装饰题材需适度、适当。

3.近看

近看距离不限，看得越清楚越好。此距离主要看家具的细节及做工。

观察细节要不厌其烦，内外兼修。

近看主要观察项目为：木工、雕刻、刮磨打磨及表面处理。

木工应做到：平行构件间隙均匀细致，对角线一致，透榫饱满没有楔补，接口细密见缝不见胶，滑动或开阖部位灵活稳定，内外同样干净整齐没有明显错位、拼补、缝隙。

雕刻应做到：线条饱满流畅，底子平滑，图案无缺损。

刮磨打磨应做到：平面无明显凹陷波纹，弧面光影均匀，转角无亏损，弧线连贯，手感细腻润滑，各部位一致。

表面处理除了看涂层是否均匀覆盖，还要看是否做色。

顺便看下材料处理是否到位。家具出现涨缩、皴裂很正常，但不该有明显扭曲变形。

还有一项大多数爱好者需要修炼一番才能做到的检查项目，就是看下家具不显眼位置有没有其他材料混杂，或者超过标准的白皮和粉补。

我个人的经验是，如果无法到现场观察装配前构件（白茬）的加工质量，当上述项目都能做到位，且材料名称与实际相符，均不会有太大问题。

广作与京作的特征漫谈

文/小简

【编者按】本文摘自2013年麒麟网“寻访京作”网友活动中，北京阅甫斋总经理周鲁生先生在网友交流会上的讲话，并经过整理。

作，一为作坊，二为做工。康乾盛世，大清朝的宫廷造办处由几十作不同的分工来进行不同的工艺，比如做铜的、做玉的、做绣的等各种作坊。油木作是其中一作，主要制作家具，后来又增设了广木作来专门制作广式家具。因为在中国，有很鲜明的几大家具制作风格与地域流派，一个苏作，一个广作，还有如晋作等非常见风格。苏作以木藤家具的方式为代表，它多数体现出圆腿、细致、秀美的特征，造型上源于明代家具的风格特点比较多，比如说四腿八挓做法，而清代的家具则偏向于直腿。我们通过这些腿的形式、开挓方式往往可以判断这件东西究竟是制造于哪个年代，甚至有时能精确定到哪个皇帝。

关于广作家具，今天能够读到的经典著作，就是蔡易安的《清代广式家具》。这其实也算是一个商行的家具图录。但是从其图稿中可以看出，作者有很深厚的明代家具研究基础。家具的腿部开挓、各种结构方式、甚至小家具的堆放方式等，都是明代的典型风格。但是为了迎合当时荷兰、英国洋人的口味，他在这些典型明式家具的骨干上挂了好多竹叶、小花、卷草之类，包括欧式风格的西番莲等图案。我们常形象地说，把一堆花草挂到了明式家具上，就形成了洋行时期的广式家具。做好广式家具不是像有些人所说的要做大粗腿，要四边抽涨缝，重要的是，原生的广式家具身上能先有一个非常良好的明式家具修养，然后在家具上面再挂上一些华丽的花草。它有它的商务元素，这是一个很重要的因素。

但是在京作家具里面，会产生另外一个概念。尽管苏作家具很天然，很优雅，但是它不能表现皇宫富贵这些所谓更高贵的艺术修养要求，比如说冰盘沿这样的细节。冰盘沿在苏作家具里很简单，要不就光圆的，要不就是枭混面的，线条很简单。但这些线条进了宫以后，都进行了重新规划和发展，变成了很多回纹、花纹等。我在外边偶尔就能碰见造办处的东西，比如在潘家园旧货市场，拣几个桌子边椅子腿时，我拿手一转，心里就激灵一下，造办处的！我碰上过几件，那些线条跟苏作就明显不同。

所以，京作家具既不是道光咸丰年间的那些虫子爬树，不是大龙雕花。那些大龙柜，是京作家具吗？那些龙头呲牙咧嘴的大宝座，也是京作家具吗？不是！京作家具优秀的代表，是我们在皇宫深宅里边看到的，除了有贵重的用材，还有大气协调的形制、精细的做工、优美的纹饰和多工艺的镶嵌（图1），可以有庞大的尺寸，但同时也有非常优雅的艺术内涵的家具。这些才是京作家具的最重要的特征。

我们大家熟知的故宫皇宫椅，就是一个清代早期京作家具的典型代表（图2）。今天不能把京作家具给庸俗化，仅仅将它归结于繁复的雕饰。因为标准的京作镶嵌，已经没有人懂了，我们在故宫家具上看到的那么多镶嵌，在清朝后期的宫廷家具上已经很少看到了。剩下的就是那些木头骨头以及繁复的雕刻，这其实是清代没落的象征，而不是京作家具的艺术变革。本身骨干独立、线条优雅的家具，才是中国京作家具最鼎盛时期最高水平的代表。

图1　紫檀有束腰嵌玉嵌珐琅六足凳

图2　紫檀有束腰带托泥圈椅（皇宫椅）

家具导购法则21条

文/leavingson

1.生意在店外，与人为善，广交天下。店中十分钟，店外十个钟。

2.我们最痛恨欺骗顾客的销售员，一个有眼光的老板也不会选择善于或者习惯欺骗顾客的销售员。习惯欺骗的销售员可能取得一时的成功，但总有一天连老板也一起骗了。但是再回过来，我们也讨厌有话直说的销售员，产品都有特点，缺点和优点往往是事物的两面。涉及原则性的问题更是不可正面回答。

3.你没有顾客专业。家具如同服装，是个任何人都可以发表见解的产品。正是因为这样，它也成了对销售技巧要求比较高的产品。互相交流方是王道，尤其是古典家具。我们不可以业余，但绝不能认为顾客无知。顾客总倾向于和自己水平相当的人交流。

4.保持随和的正常微笑，切忌谄媚和拍马屁。切忌讨好顾客，中国人是最不容易被讨好的一群人。随时保持最高警惕，一旦感觉被讨好，立刻捂紧口袋。不卑不亢，保持一颗平常心。

5.未经客人许可跟随客人是一种非常不礼貌的行为。这同赶人出门没什么区别，但不关注客人的举动又是一个十分不专业的行为。九成以上的客人在一个陌生的环境里常常会感到紧张，首要之任务是让客人有个放松的心态：您随便看，随时叫我。

6.该出现的时候一定要出现，该离开的时候一定要离开，该再次出现的时候一定要再次出现。说话很快、很多的客人要密切配合；说话少的人慎重离开；话慢而少的时候多离开；对于不说话、只点头的客人要说："随便看，有事情您叫我。"

7.不要说"欢迎光临"，我们是中国人——来都来了，还欢迎什么？但也最瞧不起不和客人示意的人，若是再有冷脸，便是只当路过。

8.不买是正常的，但不妨碍你们有可能成为朋友。因为生意而建立的朋友关系远远要比在朋友关系上建立的生意关系要牢靠的多。

9.远亲不如近邻，中国人都知道，但常常很难做到。因为很难把握。

10.老板在场你要扮演黑脸，客人杀价，把让价的机会留给老板，但在关键时刻老板说让价的时候，专业的销售员要对老板说我们不能让了，再让就赔钱了。若是角色转换，则效果适得其反。同理，销售员要坚持——我们的东西是最好的。老板说——没那么好，一般般。销售员：不，就是最好的！

11.桃李不言，其下成蹊。把东西做好，持续不断改进，这是基本要素。

12.相比广告，我们更相信道听途说，朋友口口相传最好使。

13.别人买我就买，别人都不买我也不买。所以店里人多，顾客也就会越来越多。店里若是只有店员，进去之前都得踌躇半天。所以，准备一套茶具，要好的茶叶，但不要太好，非常好的茶叶要有，但是用来招待贵宾。一般的茶叶准备两种以上。卖古典家具尤其如此。

14.尽量不要给正在看家具的客人送水，太热情的招待往往让人局促不安。喝水就坐下来慢慢喝，坐着讲话和站着讲话完全是两个概念。

15.相比衣架上的衣服，塑胶模特上的衣服更直观。家具也是如此。店面家具摆放说起来好像学问很大。其实说白了，把店面规划成一个个房间，看看效果如何。

16.别把你的爱好强加给客人。萝卜青菜，各有所爱。但我爱萝卜，很是希望得到你的认可。

17.敞开大门做生意，家具广场里成交最快最多的位置往往是一个摊子而非一家店。古典家具是否适用，那取决于您的产品定位。

18.少一些商务书面语言，多一些市井之气。我们是在谈生意，不是在演电影。

19.不嫌弃产品的客人大都不会和你做生意的。夸奖你产品的人对他表示由衷的赞美和感谢，别错过人家和你交朋友的好意。

20.相对美丽的外表，我们更喜欢将内部探个究竟，有把握的，可以试着现场组装，如同卖牛肉拉面，面点师娴熟的技巧是最好的广告。

21.成交后便是朋友，是朋友就不能把人家扔在一边。我敬一尺，可得一丈。

掌握精品家具标准，放心选购红木家具

文/大本

都说红木家具水很深，红木家具消费者最头疼的就是在购买红木家具的时候该怎么选择。大家都不希望买到假的、档次低的、质量差的红木家具。为此，很多红木家具爱好者在下手之前会找很多红木书籍来阅读，再到网上的红木专业论坛里看一看。偶尔还会往门店展厅或厂里跑跑。等到感觉自己成了红木小专家了，到市场上准备下手的时候，却发觉自己还是手足无措，材质真伪还是看不懂，工好工坏还是心里没底，在琳琅满目的家具面前，仍驻足彷徨（图1）。

图1　红木家具组合
（图片来源：伍氏兴隆）

其实评鉴一件好的红木古典家具，应该从“型、工、材”三个方面去考虑。也有说法是“型、艺、材、韵”四个方面。

所谓“型”，就是指家具的造型、形制。当今市场上，古典家具厂家在家具形制方面一般有三个风格或流派，包括传统派、改良派和新中式派。不管任何一个风格流派，型都是第一要素。一个家具形体结构协调、比例合理、造型优美，必然能赢得更大多数人的喜爱。特别是很多经典家具典籍如王世襄的《明式家具研究》里面的传统款式，更是成为玩家收藏的热门器型。现实中，古典家具尤其是红木家具，越是经典的器型，家具越能得到保值增值。发烧级的红木家具玩家，在“型”上往往进入了一个非常苛刻的境界，一个弧度，一个尺寸都会多方斟酌，追求完美。

“工”是指家具的做工、工艺。家具的工艺包括干燥和选材工艺、结构工艺、表面处理工艺、雕刻工艺、配件装饰工艺等。结构方面，古典家具我们要求必须使用传统的榫卯工艺，必须老老实实按照古典家具的榫卯工艺规范来做。再者，结构上的尺寸误差必须低于国家标准的规定。表面处理工艺主要指髹漆涂饰工艺，传统的涂饰工艺有打蜡、生漆和大漆处理，除了这些，也会有些特殊效果表面处理，比如风化去火、做旧等，还有煮蜡改性的工艺。打蜡和生漆是最常见的表面处理工艺，南漆北蜡是业界常见的选择。风化去火和做旧是部分红木爱好者偏爱的表面处理方式，可以根据个人喜好选择。细节的加工往往最能体现制作古典家具的功力，精品等级的古典家具最后比的就是细节做工。

“材”指的就是材质。最新的《红木》国家标准包含了5属8类29种木材。其中黄花梨和紫檀价格已经是高不可攀了，大红酸枝也进入了贵族行列。市面的主流用材有白酸枝、缅甸花梨、酸枝木等，可以作为消费者的首选，保值增值性较好。除了《红木》国家标准涵盖的木材，市场上也会有一些优质硬木材质被用到古典家具制作中。市场接受程度比较高的优质硬木有血檀、檀香花梨、大叶黄花梨、草花梨等。也有一些珍贵软木也为古典家具爱好者所钟爱，比如金丝楠木、榉木。

一件好的古典家具，一定是上述“型、工、材”三个方面都达到优秀等级，即好的材质，配上好的造型和高的工艺。远看形制，近看材质和工艺，三者综合起来体现出我们常说的“韵”。好的家具一定是观之倾情、离之回味（图2）。

“型、工、材”可以说是对古典家具进行评鉴的三个角度，具体到选择家具应该按照什么样的具体规范或标准，就要说到国家颁布的《深色名贵硬木家具》标准（1998年颁布，2008年修订）、《红木家具通用技术条件》（2011年颁布）和《红木》（2000年颁布，2017年修订）标准。前两者主要对深色名贵硬木家具或红木家具的术语、命名和分类、要求、试验方法、使用说明、包装贮运做了规定，后者则是国家针对红木材质最权威的标准，这三个标准对企业生产和销售进行了规范，对消费者也有重要的参考价值。但古典家具行业一直没有推出专门针对红木古典家具的国家层级的工艺质量的标准。

图2　红木家具展现

“麒麟标准”可以说是国内最早针

对怎么选购家具的民间标准。麒麟古典家具论坛是国内最早的知名红木古典家具发烧友专业社区，网友在家具交易中形成了“无白、无补、少粉补、传统榫卯”的简单标准，并成为麒麟论坛红木家具交易的约定俗成的通行规则。这个标准当时成了网友参考并用来在市场上购买精品古典家具的重要依据。后来麒麟网官方颁布了麒麟标准的简洁版，也称“新九条”，其中三条为选材标准，六条为工艺标准。同时推出了麒麟标准的详尽版本，从用材、木作、雕刻、刮磨、雕刻、涂饰、金属件及安装工艺七个方面对古典家具加工质量进行了具体规范。可以说麒麟网及其认证商家是国内第一批精品古典家具标准的践行者。2015年以后，东阳、新会等国内多个重要的红木产业基地的行业协会陆续推出了不同版本的红木古典家具工艺及质量标准。消费者可以参照上面这些标准，按照其中的具体要求在市场上中甄别家具品质。

随着时代的发展，国内红木古典家具市场越来越规范，红木家具厂家的生产水平也越来越高，家具质量也越来越好，这是所有红木家具消费者的福音。但是仍有一些企业，甚至是大厂，没有多在技术上花功夫，只在营销和资本上花力气，甚至有意无意掺假偷工，坑害消费者。所以红木家具爱好者们还是要擦亮眼睛，多多学习，多多请教，这样才能少交学费，不要轻易被所谓的“低价促销”所蒙蔽。在红木家具行业，基本还是奉行一分价钱一分货的规律，好的红木家具买得放心，用得舒心，转手增值，所以买对家具比买得便宜更加重要。

研究古典家具之美，必须熟读这些书籍

文/大本 内容/周默

【编者按】2018年11月，麒麟网发起“御器臻藏”参观故宫家具馆活动，并邀请国内著名古典家具专家周默先生与广大古典家具爱好者进行交流。交流会上，周默纵论古典家具之美，并提供了学习或研究中国古代家具的第一批书单。这个书单对于很多希望在中国传统家具鉴赏方面所有学习和深入研究的朋友提供指导。详细内容如下，供大家参考。

一、家具方面

1.（德）古斯塔夫·艾克《中国花梨家具图考》（延伸阅读：《恭王府明清家具集萃》）。

2.杨耀《明式家具研究》（延伸阅读：陈增弼《传薪——中国古代家具研究》）。

3.王世襄《明式家具研究》《明式家具珍赏》《明式家具萃珍》《锦灰堆一、二、三》及《锦灰不成堆》。

4.朱家溍《明清家具（上下册）》《故宫退食录（上下册）》《明清室内陈设》。

5.赵广超《一章木椅》。

6.（美）安思远《中国家具：明清硬木家具实例》《夏威夷藏中国硬木家具》《洪氏所藏木器百图》《式样的精华：明末清初的中国家具》。

7.（美）莎拉·韩蕙Sarah Handler（普林斯顿大学教授）*MingFurniture in the Light of Chinese Architecture. Austere Luminosity of Chinese Classical Furniture*。

8.德国柏林国家博物馆编*Ein chinescher kaiserthron*。

9.何镇强、张石红《中外历代家具风格》。

10.（法）莫里斯·杜邦《欧洲旧藏中国家具实例》。

11.李宗山《中国家具史图说》《中国家具史图说（画册）》。

12.田家青《清代家具》《明清家具鉴赏与研究》。

13.胡文彦、于淑岩《中国家具文化》，胡文彦《中国家具鉴定与欣赏》。

14.崔咏雪《中国家具史·坐具篇》。

15.周默《雍正家具十三年（上下册）》《中国古代家具用材图鉴》《紫檀》《黄花梨》。

16.丁文父《中国古代髹漆家具：十至十八世纪证据的研究》。

17.（台湾）吴美凤《明代宫廷家具史》《盛清家具形制流变研究》。

18.蔡易安《清代广式家具》。

19.（香港）罗启妍《中国古代家具与生活环境》。

20.（香港）伍嘉恩《明式家具二十年经眼录》《木趣居（上下册）》。

21.台北故宫《画中家具特展》。

22.罗一民《南通传统柞榛家具》。

23.张金华《维扬明式家具》《维扬明式家具（续编）》。

24.扬之水《明式家具之前》《唐宋家具寻微》。

25.刘显波、熊隽《唐代家具研究》。

26.（英）克雷格·克鲁纳斯《英国维多利亚阿伯特博物馆藏中国家具》。

27.邵晓峰《中国宋代家具：研究与图像集成（校订本）》。

28.周峻巍《明式榉木家具》《吴中长物——嘉万之际的榉木家具》。

二、美学方面

1.钱穆《晚学盲言（上下册）》，广西师范大学出版社。

2.宗白华《美学散步》，上海人民出版社。

3.李泽厚《美的历程》《美学四讲》。

4.朱良志《曲院风荷》《中国美学十五讲》《生命清供》《顽石的风流》《真水无香》《南画十六观》《二十四诗品讲记》。

三、文化与哲学

1.四书五经：《大学》《中庸》《论语》《孟子》《诗经》《尚书》《礼记》《周易》《春秋》。

推荐版本：

（1）宋·朱熹《四书章句集注》，中华书局（延伸阅读：李泽厚《论语今读》）。

（2）①周振甫《诗经译注》，中华书局。②《诗经》，宋·朱熹集传，清·方玉润评朱杰人导读，上海世纪出版集团（延伸阅读：赖炎元注释《韩诗外传今注今译》，台湾商务印书馆发行。（日本）冈元凤纂辑 王承略点校《毛诗品物图考》，山东画报出版社。扬之水《诗经名物新证》，天津教育出版社)。

（3）金北梓《尚书诠释》，中华书局。

（4）清·孙希旦《礼记集解》，中华书局。

（5）《周易》：①宋·朱熹《周易本义》，中华书局。②清·李光地《周易折中》，巴蜀书社。③余敦康《周易现代解读》，华夏出版社。

2.老庄：陈鼓应《庄子今注今译》，中华书局。

文房清供概述

文/苏木玩（王春华）

一、唐宋首倡文房收藏

中国传统文化里的书房除了一房明清家具，还少不了的就是文房清供了。中国的文房清供，可谓源远流长，多如瀚海。纵览文房清供史，上至帝王，中至达官贵人、文人墨客，下至普通百姓，无一不对文房清供有着极大的兴趣。这些器件虽小，蕴含的却是千百年来文人墨客对生活的艺术点缀，特别是文人审美的一种精神寄托（图1）。

“文房”一词最早见诸多文献的是南北朝时期，当时专指国家典掌文翰的地方，类似今天的档案馆。如今，“文房”广义解释为文人的书斋或书房，狭义则专指书写、绘画与读书的工具。

到唐代时，“文房”逐渐演绎为专指文人的书房。南唐后主李煜爱好雅玩，自己收藏的书画均押以“建业文房之印”。据说，李后主对于我们的文房四宝有着特殊的贡献，他任命从易水迁居来的奚廷珪为墨务官，并赐他李姓，于是有了“李延硅墨”，这便是徽墨的起源。他又任命李少徽为砚务官，用歙州产的石头制作南唐官砚，即歙州龙尾砚，也是著名的歙砚的发端。李后主的前代列祖李昇鼓励造纸，著名的“澄心堂纸”，就是以他的书斋命名。而李延硅墨、南唐官砚、澄心堂纸与吴伯玄的笔，有“徽州四宝”的美誉，推动了中国文房四宝的发展。此后，南唐归宋的翰林学士苏易简撰《文房四谱》，把笔墨纸砚进行详细的分类和评价，是首倡“文房四宝”的典籍。

图1　文房装饰

但是对于浪漫的文人阶级来说，文房器具绝不仅仅文房四宝那么简单，与笔墨情缘不可分离的种种用器都被他们赋予了功用之外的审美况味。比如杜甫《题柏大兄弟山居屋壁》有云：“笔架沾窗雨，书签映隙曛。”南宋时，赵希鹄作《洞天清禄集》，明确文房十项是古琴、古砚、古钟鼎器、怪石、砚屏、笔格、水滴、古翰墨笔迹、古今石刻、古画等，但当时流行的文房器物远不止这些。赵希鹄还曾写道：“古人无水滴，晨起则磨墨，池盈砚池，以供一日用，墨尽复墨，固有水盂。”宋林洪的《文房图赞》中有臂搁的记录。过去，人们用的是毛笔，书写格式自右向左，稍不留意衣袖就会沾到字迹。臂搁，它除了能防止墨迹沾在衣袖上外，垫着它进行书写的时候，会使腕部非常舒服，特别是抄写小字体时。因此，臂搁也称腕枕。在龙大渊的《古玉图谱》、周必大的《玉堂杂记》中，还记载了用各种材质制成的镇纸。岳珂《槐郯录》中记载着：“御前列金器，如砚匣、压尺、笔格、糊板、水漏之属，计金两百两。”

宋代的文玩，不仅门类丰富，用途广泛，而且制作材料也非常讲究。这些文房器物，在拓展它们的实用价值的同时，也提升了自身价值，由此可见，宋代在流行文房清玩的同时，也开了文房清玩收藏的先河。

二、明清精品迭出

尽管文玩早在汉晋时代已有出现，宋元时代佳品迭出，但大量的精品佳作还是集中于明清两代。如文玩中的大项印石和笔筒，都是迟至明代才被发掘和创制的。正因为明朝的文房用具空前发达，追求这些文房用具又成为一种时尚，于是乎，许多文人雅士便将目光转向这些既能实用，又能把玩的器物，纷纷编书阐释，起到了积极的推广作用。许多文人亲自加入工艺制作，有的参与创意，有的甚而即兴奏刀操觚。最早编撰的是明初曹昭的《格古要论》，曹氏将文房清玩分为十三类：古琴、古墨迹、古碑法帖、金石遗产、古画、珍宝、古铜、古砚、异石、古窑器、古漆器、古锦、异木。曹氏与他的前辈所不同的是，学识渊博的曹昭没有就事论事地记述文玩的品种门类，而是从工艺、产地、考据与鉴赏的角度，论述了文房清玩，从中可以看到当时人们对文玩收藏的追尚，此书对后世影响很大。

图2　文玩装饰

江南四大才子之一文徵明的曾孙文震亨，著有十二卷《长物志》，洋洋洒洒概述了明代文人清居生活的物质环境，写到了大量的文房用具，比如笔格、笔床、笔屏、笔筒、笔船、笔洗、笔掭、水中丞、水注、糊斗、蜡斗、镇纸、压尺、秘阁、贝光、裁刀、剪刀、书灯、印章、如意、钟磬、数珠、扇坠、镜、钩、钵、琴、剑、太湖石、画架、书桌、屏、架、几、沉香、茶炉、茶盏等。作者对这些文房器物的追崇，体现了明代文人的“于世为闲事，与身为长物”的心境。而高濂《遵生八笺》中的《文房具篇》，简直是一部文具词典，如“笔床”条文：“笔床之制，行世甚少，余得一古鎏金笔床，长六寸，高寸二分，阔二寸余，如一架然，上可卧笔四矢，以此为式，用紫檀乌木为之亦佳。”在明代文人留下关于文房清玩的著作中，罗列品种最繁多与全面的，恐怕要数明末的屠隆，他在《考盘余事》一书中的《文房器具笺》中，一共列举了45种文具，可谓是集当时文房清玩之大全了。同时，明末由于政治腐败、国力式微，官窑制作几乎停顿。因社会动荡而产生的思想解放，工匠们在文人墨客的指导下，在文玩一路创意纷呈，精品迭出。

古代文房用具，历经唐宋元明之后，至清代达到鼎盛时期，除了被誉为“文房四宝”的笔墨纸砚外，更潜心发展“文房四宝”的辅助工具，精心设计，达到了登峰造极的地步，那些器物的实用价值，也被观赏与把玩性所取代，成为名副其实的“文玩”。明清两代，文玩的品种、呈象、题材以及制作工艺的丰富多彩，远远超过了人们的想象空间，它凝聚着古代工匠和文人灵光一现的各种创意。作为书桌案几之玩用，文玩一般大不盈尺，小不足寸，可远观，亦可近取。特别是有些赏玩摆件（如瓶、炉、插屏等），往往是大块的浓缩，大件的缩小，古玩界又有“小器大样”之说（图2）。

三、文人雅玩成为收藏新宠

事实上，文玩之所以在清三代达到制作顶峰，除了文人精心追求，营造一个窗明几净、赏心悦目的书斋环境外，在很大程度上，是清室康雍乾三朝皇帝的爱好与推动。如今在北京故宫博物院珍藏了一件乾隆御用旅行文具箱，是件绝无仅有的艺术精品。该箱紫檀木制作，箱长74厘米，高14厘米，宽29厘米，箱盖装有铜镀金暗锁。箱打开后可支成文案，案腿设计在箱槽内，用活动薄板支撑，再用暗扣固定。桌箱内设两个同样大小的屉盒，每一屉盒都有两层形式不同、大小各异的多宝阁，可以置65件文具与器玩，例如白玉洗、松花石古砚、玉臂搁、笔筒、兽镇、石章、描金云龙纹笔等。此外还有棋子、棋盘、小蜡盏等。这个文具箱所收藏的都是文具中的精华，反映了当时社会的最高水平。

这些小玩意，同时又是一个内涵丰富的知识载体，根植于民族文化的土壤之中，是物化了的民族传统文化，也是前人为我们留下的珍贵的文化遗产。在如今，越来越得到收藏家们的青睐。目前存世的文房清玩，以清代居多，宋元极少见。而在这些明清精品中，也呈现两种截然不同的趣味。文震亨在《长物志·器具》篇中几乎对所有的文房器具均有所点评。如笔掭“定窑、龙泉小浅碟俱佳，水晶、琉璃诸式不雅，有玉碾片叶之为者，尤俗”；水注“有铜铸眠牛，以牧童骑牛作注管者，最俗。大抵铸为人形，即非雅器”；镇纸“玉者……最古雅；铜者……亦可用；其玛瑙、水晶、官、哥定窑，俱非雅器”；臂搁“以长样古玉彘为之最雅……紫檀雕花及竹雕巧人物者，俱不可用”；笔筒“又有鼓样，中有孔插笔及墨，虽旧物，亦不雅观”。

文玩的最大特点是芜杂，古玩界常常将之归类于杂项、杂件。材质最为广见的是陶瓷，其可塑性最强，几乎可以仿制其他所有材质的肌理质感，这在清乾隆年间运用得最为淋漓尽致，所谓“戗金、镂银、琢玉、髹漆、螺钿、竹木、匏蠡诸作，无不以陶为之”（清·朱琰《陶说》）。文物不同于其他器玩之处，在于其造型、纹饰的讲究。所谓纹必有意，图必吉祥。其主体样式最能体现文人雅士的审美情趣。文玩材质最具代表性的，是那些便于文人雅士亲自操觚奏刀的竹、木、牙、石之类，而且其久经抚玩会产生滋润莹厚的包浆，时间愈久愈发可爱。近几年来竹木类文房用品走势极为坚挺，特别是那些有著名文人工匠题铭刻款的文玩成为收藏焦点。

附录

古典家具产品麒麟质量标准（简版）

1.1 版（2015 年 10 月版）

1. 本标准属于麒麟网网站企业标准，规定了精品等级的深色名贵硬木家具（含红木家具）的产品加工材质、工艺及交付质量标准。

2. 适用范围：本标准适用于深色名贵硬木家具（含红木家具）产品，不适用于工艺品。

3. 定义：古典家具麒麟质量标准指古典家具必须包含材料满彻、无白皮边材、无拼补挖补、少粉补且在非目视部位、榫卯结构、手工雕刻、合理使用传统金属件附件等要求和内容。

4. 用材要求

1）材料满彻。指产品所有木制零部件，除镜子托板及托板压线条外，全部采用指定或声明的木材锯材制作，不得有边材白皮。

2）无拼补挖补。指除面心板外单独部件由一个整体材料制成。面心板可以采用多板拼合，但是只能直拼不可斜拼。

3）少粉补且在正常使用状态下的非目视部位。少粉补要求粉补数量占整体家具构件数量的比例小于20%，单个构件上分布数量不多于2处，粉补面积不大于25平方毫米，长度不大于50毫米。非目视部位指以正常身高人站立位置查看不到的部位、封闭体的内部。

5. 工艺要求

1）榫卯结构。指使用部件自身制作的榫和卯进行结合。具体不同的榫卯结构做法参照王世襄著《明式家具研究》，在该著作基础上改进的榫卯结构应体现更好的力学特性和装配性能。

2）家具内外边沿、棱、角部位均应倒圆、倒棱。

3）合理使用传统金属附件。传统金属附件指用黄铜、白铜等传统家具铜件材料，按照传统制式制作的附件，包括合页、面叶、吊牌、锁销等。附件与本材的固定方式可以采用铜钉、弯脚等方式，不得使用枪钉。

4）手工雕刻。指产品所有主体的浮雕、透雕等雕刻制作的最后一道工序均采用手工雕刻，包括全手雕或机雕手修，不可采用全机雕。

5）对称的门板面心如果是攒簇花格，则花格基底图案应左右对称。

6）正常使用状态下的非可视面的拼板，如抽屉底板、柜背板底板等，原则上应使用大料制作，不应使用下脚料过分拼板。

6. 出售人销售商品时说明产品符合麒麟标准时，必须符合上述规定。允许单独说明用材要求或者工艺要求满足麒麟标准。

7. 商品为了适合现代生活使用而包含金属构件螺丝固定、磁性固定、非传统金属件应明确说明。

8. 商家没有特别声明产品质量符合麒麟标准时，均按照商品销售时商家说明的质量标准或者国家《红木家具通用技术条件》规定的“红木家具标准”及《深色名贵硬木家具》行业标准关于边材和工艺的相关规定对待。

9. 本标准解释权归麒麟网所有。

注：《古典家具产品麒麟质量标准》（标准版）参见麒麟网。

特别鸣谢

时光荏苒，痴心不变，麒麟始终在坚持为古典文化逐梦人提供平台与鼓励。一路上，众多的麒麟认证商家秉遵麒麟质量标准、谨守工匠精神与诚信本分，为古典家具爱好者奉献上精美的家具作品。他们是麒麟的重要的组成部分，不可分割。这里将他们汇列如下，感谢他们的长期支持！

店名	所在城市
璞真堂	唐山、天津、沈阳、常州、西安
殷明坊	常熟
善玩堂	天津
博艺馆藏	苏州、潍坊
汇盛隆	广州
明廿一硬木家具	北京
名都古典家具	江门
迷糊的客厅	上海
木头记	南通
明月堂	常熟
木缘坊	肇庆
老红木	玉林
必方斋	无锡
仁品堂	天津、沧州、湛江
世纪明家	中山、北京
兰福红木	金华、上海、北京
永泰红木	常熟
弘典轩	南通
武氏红木	仙游
蚂蚁红木坊	上海、东阳
龙木臻品	武汉
小生制器	仙游

注：商家详情可以登录麒麟古典家具论坛或麒麟古典家具网公众号查询。